U0193056

卷烟工业用胶

熊安言　孙觅　主　编

台海出版社

图书在版编目（CIP）数据

卷烟工业用胶 / 熊安言，孙觅主编 . -- 北京：台
海出版社，2021.5

ISBN 978-7-5168-2935-6

Ⅰ．①卷… Ⅱ．①熊… ②孙… Ⅲ．①卷烟－施胶－
生产工艺 Ⅳ．① TS452

中国版本图书馆 CIP 数据核字（2021）第 055008 号

卷烟工业用胶

主　　编：熊安言　孙　觅

出 版 人：蔡　旭　　　　　　　　封面设计：刘昌凤
责任编辑：王　萍

出版发行：台海出版社
地　　址：北京市东城区景山东街 20 号　　邮政编码：100009
电　　话：010-64041652（发行、邮购）
传　　真：010-84045799（总编室）
网　　址：www.taimeng.org.cn/thcbs/default.htm
E - mail：thcbs@126.com

经　　销：全国各地新华书店
印　　刷：三河市元兴印务有限公司
本书如有破损、缺页、装订错误，请与本社联系调换

开　　本：710 毫米 ×1000 毫米　　　1/16
字　　数：310 千字　　　　　　　印　　张：12.75
版　　次：2021 年 5 月第 1 版　　　印　　次：2021 年 5 月第 1 次印刷
书　　号：ISBN 978-7-5168-2935-6

定　　价：79.80 元

版权所有　翻印必究

编 委 会

主　　编：熊安言　孙　觅

副 主 编：李春光　王二彬　宋伟民　鲁　平

编　　者：（排名不分先后）

王二彬　王浩宇　文秋成　孙　觅　李春光

李全胜　李龙飞　纪晓楠　刘　欢　吴广海

宋伟民　郜海民　崔　廷　程东旭　鲁　平

鲍文华　熊安言　熊浩林

前　言

　　卷烟工业用胶是重要的卷烟材料，在卷烟生产过程中不可或缺。从烟支成型到包装成盒直至装箱都会使用到卷烟胶。按用途分，卷烟胶可为搭口胶、中线胶、滤棒成型胶、接嘴胶、封签胶、小盒包装胶、条盒包装胶等；按卷烟胶的形态可分为水基型卷烟胶和热熔型卷烟胶，水基型卷烟胶又可分为化学合成胶和绿色环保胶。一般来说，水基型卷烟胶主要用于烟支卷制搭口、烟支滤嘴接装、小盒及条盒包装、纸箱的封装以及中线胶；热熔型卷烟胶主要用于滤棒成形搭口、小盒及条盒包装以及纸箱的封装。卷烟胶质量的好坏直接影响着卷烟的感官质量、外观质量，影响着生产效率和消耗，对消费者的健康有潜在的影响。卷烟胶是保持卷烟产品质量稳定和实现产品"优质、高效、低耗、安全、环保"生产水平的重要保障，其核心作用主要体现在提升卷烟外观质量、保持卷烟感官质量稳定、降低卷烟成本等方面，是十分重要的卷烟材料之一。

　　由于卷烟胶用量少、成本低，在烟草行业没有引起足够的重视。近年来，烟草行业科技工作者积极践行"国家利益至上、消费者利益至上"的行业共同价值观，深入落实"卷烟上水平"的工作要求，不断更新工艺加工理念，不断提高精益加工水平，围绕卷烟胶及施胶装备开展了深入系统的创新研究，并进行推广应用。尤其是在卷烟搭口胶、接嘴胶及其施胶装备方面，新工艺、新技术和新设备的不断涌现和应用，极大地促进了卷烟加工工艺技术及装备水平的提升，进一步稳定了产品质量，降低了卷烟消耗，提高了卷烟安全性，为构筑中式卷烟加工核心技术，推进行业"质量变革、效率变革、动力变革"做出了突出贡献。

　　《卷烟工业用胶》一书根据行业近年来在卷烟胶及施胶装备方面的研究成果，分别对胶的粘接原理，卷烟胶的分类、加工原理和发展历程进行了介绍，对卷烟胶的发展趋势进行了展望，并对卷烟搭口胶、接嘴胶、包装胶、滤棒热熔胶等的应用现状、施胶量的检测及其对卷烟质量的影响、施胶设备研究情况进行了详细阐述。全书共分为八章，第一章由程东旭编写；第二章由王二彬、李春光编写；第三章由孙觅、熊浩林编写；第四章由纪晓楠编写；第五章由熊安言、吴广海、李全胜编写；第六章由鲍文华、李龙飞、王浩宇编写；第七章由宋伟民、鲁平、崔廷、刘欢编写；第八章由郜海民编写。熊安言、孙觅对全书进行了统稿。

由于编者水平有限，疏漏和不妥之处在所难免，恳请广大读者批评指正，以便后续进一步修订完善。

编　者

2021 年 1 月

目　录

第一章　胶的粘接原理

多年以来，许多学者进行了长期的探索，期望找出一种能解释一切黏合剂粘接现象的理论，但直到现在还没有成功。科学工作者们根据产生粘接的机械力、物理力、化学力和朴电力的试验结果，提出了各种粘接理论，这些理论仅能从不同的侧面解释部分的粘接现象，而不能解释一切粘接现象，而且又彼此独立。目前已提出的粘接理论主要有：机械嵌合理论，吸附理论，扩散理论，化学键理论，静电理论，弱边界层理论，配位键理论和酸碱理论等。粘接存在着涉及面广而机理复杂的问题，不同的粘接系统有着不同的粘接机理，下面就主要的粘接原理做些介绍。

第一节　机械嵌合理论

机械嵌合理论是最早建立的粘接理论，机械嵌合理论认为，粘接只是一个机械过程，是粘接剂对相邻两个粘接面机械附着和互锁作用的结果。

任何物体的表面都不会绝对光滑平整，即使用肉眼看或用手摸起来十分光滑的物体表面，在显微镜下看也是粗糙不平的，有些物体的表面甚至是多孔的。由于胶粘剂具有流动性，物体之间用胶粘接时，在压力或其他条件作用下，胶液很容易扩散渗透到被粘接材料表面的微小凹槽或空隙中，固化之后，就像一个个锚一样钩挂在那里，这种作用称为撒锚效应，这种界面的粘接力是机械作用力，故称为机械嵌合力。

机械嵌合理论认为，胶粘剂必须渗透到被粘物表面的微小凹槽或空隙内，并排除其界面上的空气和杂质，才能产生粘接作用，胶粘剂固化后就像许多钩子和榫头一样通过胶粘剂将被粘物粘接在一起。这种微观的机械结合对粘接多孔表面材料效果更为显著，在粘接泡沫、木材、塑料、橡胶等多孔被粘物时，机械嵌合作用是重要粘接力。粘接剂粘接表面经打磨的致密材料效果要比表面光滑的材料好，这是因为：（1）致密材料表面被打磨后，会形成很多表面凹陷和凸起，粘接时在胶粘剂的作用下能够形成很好的机械嵌合；（2）表面经过打磨后，除掉了粘接表面的杂质，形成了清洁粘接面，有利于胶液的渗透契合；（3）打磨后，清除了表面氧化物，形成了反应性粘接面；（4）表面经过打磨后，形成了许多表面沟槽和凸起，增大了表面面积，从而增加了粘接面积。由于机械打磨会使粘接物表面变得比较粗糙，清除了杂质和氧化层，可以理解为表面层的物理和化学性质发生了改变，从而提高了粘接强度和粘接效果，而且对于弹性模量高的胶粘剂粘接效果更为显著，这与其机械嵌合原理是分不开的。

但机械理论不能解释非多孔性的、表面十分光滑的某些物体（如玻璃等）的粘接，也无法解释由于粘接剂引起的材料表面化学性能的变化而形成的粘接现象。

第二节　吸附理论

吸附理论是以分子间作用力，即范德华力为理论基础建立起来的粘接理论，该理论是在 20 世纪 40 年代提出的。

吸附理论认为，粘接是由两个材料之间因分子接触和产生界面力所形成的。粘接力的主要来源是分子间作用力，包括氢键和范德华力，是胶粘剂分子与被粘物分子在界面上相互吸附所产生的，是物理吸附和化学吸附共同作用的结果，而物理吸附则是产生粘接作用最为普遍的原因。同时，吸附理论也认为：粘接剂对被粘物表面的吸附作用可以是分子间的作用力，也可以是氢键、离子键和共价键。很显然，如果能使被粘物表面与粘接剂之间产生化学键，将增强物体的粘接效果。

要使粘接剂与被粘物产生很好的吸附作用，粘接剂必须很好地浸润被粘物。粘接剂与被粘物连续接触的过程叫浸润或润湿。根据《超级微观物理学基本原理》中的理论，宇宙中不存在绝对的真空（除天体磁场弧以外的空穴间外），"占据力"是宇宙粒子运动的共性，"占据力"的作用使得宇宙空间充满粒子，类似于《物理化学》一书中的商函理论。任何物体表面均存在"磁毛"，浸润与不浸润现象的形成取决于两个物体磁毛的分布密度、弹性硬度，取决于固体磁毛对液体分子的拦截作用，液体分子能进入固体磁毛缝隙间，便形成了浸润现象；液体分子不能进入固体磁毛缝隙间，便无法形成浸润现象。要使粘接剂浸润（润湿）被粘物表面，粘接剂的表面张力应小于固体被粘物的临界表面张力，这样粘接剂能进入被粘物磁毛缝隙间，粘接剂浸入固体表面的凹陷或空隙中就形成了良好的浸润（润湿）。如果胶粘剂在固体表面的凹处或空隙中被架空，不能完全浸润，便减少了胶粘剂与被粘物的有效接触面积，从而降低了被粘物粘接面的粘接强度。

多数金属固体被粘物的表面张力都小于粘接剂的表面张力，这正是许多胶粘剂很难粘接金属固体的原因。实际上获得良好润湿的条件是粘接剂比被粘物的表面张力低，环氧树脂粘接剂对金属的粘接效果极好就是一个很好的例证，而对于聚乙烯、聚丙烯和氟塑料等未经处理的聚合物粘接剂，由于其表面张力大于金属固体被粘物的表面张力，就很难与金属粘接。

通过浸润或润湿使胶粘剂和被粘物紧密接触而粘接，主要是靠分子间作用力产生永久的粘接。在粘附力和内聚力中所包含的化学键有四种类型：（1）离子键；（2）共价键；（3）金属键；（4）范德华力。

但吸附理论对于胶粘剂与被粘物之间的粘接力大于胶粘剂本身的强度却无法圆满解释，也无法解释高分子化合物极性过大时，粘接强度反而降低的现象。

第三节　扩散理论

扩散理论是 Boroznlui 等人首先提出来的。扩散理论认为粘接是通过胶粘剂或溶剂与被粘物界面上分子扩散产生的。当胶粘剂或溶剂和被粘物紧密结合时，粘接物和胶粘剂或溶剂互溶，由于分子或链段的布朗运动而相互扩散而形成牢固的接头。由于该扩散是透过胶粘剂和被粘物的界面交织进行的，扩散导致界面的消失而形成一个中间相，在这个中间相中两种材料具有逐渐相互拥有对方的特性。扩散理论认为高聚物的自粘附或相互粘接现象是界面上高聚物分子间相互扩散的结果，该理论的研究者在实验中发现粘接点的强度与两分子接触时间、高聚物分子量等参数有关，并应用扩散理论计算得到与实验十分相符的结果。

扩散理论能够很好地解释发生在塑料制品之间的粘接现象，许多塑料的粘接都是采用溶剂扩散粘接，即在两种被粘物之间施加溶剂，通过被粘物之间的分子扩散，然后使其粘接在一起。当溶剂存在时，塑料部件中的分子会相互扩散，随着溶剂的蒸发，相互扩散的塑料部件分子就被固定下来了，使得部件牢固地粘接在一起。当粘接剂和被粘物都是具有能够运动的长链大分子聚合物时，扩散理论基本是适用的。该理论对同属于线性高分子的胶接体系或轻度交联的高分子胶接体系是有效的。热塑性塑料的溶剂粘接和热焊接可以认为是分子扩散的结果。

扩散理论在解释聚合物的自粘和黏合作用方面已经得到公认，但对不同聚合物之间的粘接，是否存在穿越界面的扩散过程，目前尚存在争议。扩散理论不能解释聚合物材料与金属、玻璃等物体之间的粘接现象，因为聚合物和这类材料之间很难产生扩散。

第四节　化学键理论

化学键力又称主价键力，存在于原子或离子之间，化学键理论由 Hofricher 在 1948 年提出。该理论认为，粘接剂和被粘物之间在粘接时除存在范德华力之外，有时粘接剂与被粘物表面还会发生化学反应，在粘接剂与被粘物之间形成化学键结合，从而把两者牢牢地结合起来。化学键理论是以粘接剂分子中的质子、电子与被粘物表面分子的电子、质子相互作用为基础的理论，当前所有光谱研究结果均表明这些相互作用都是由特定的粘接剂与被粘物产生的，不具有普遍性，这种粘接现象可以应用量子力学理论来描述粘接表面化学键及其分子轨道。由于化学键力要比分子间作用力高出 $1 \sim 2$ 个数量级，若能使粘接表面产生化学键结合，则是十分理想的粘接方式之一。能够形成广泛的化学键结合对提高粘接强度和改善粘接耐久性都具有十分重要的意义。

化学键主要包括离子键、共价键和金属配位键。离子键可能存在于无机粘接剂与无机被粘物表面之间的粘接界面中；共价键可能存在于粘接在一起的带有化学活性基团的粘接剂分子与带有化学活性基团的被粘物分子之间，绝大部分有机化合物都是通过共价键结合在一起的。人们通过现代测试技术发现，酚醛树脂与木材纤维之间，酚醛树脂、环氧树脂、聚氨酯等粘接剂与金属铝表面之间均存在化学键结合。

虽然化学键的强度比范德华力高很多，是人们追求的牢固粘接力，但绝大部分粘接物的粘接头中普遍而广泛存在的作用力仍然为分子之间作用力。因为化学键的形成有着苛刻的条件，除了要求分子间的接近程度要达到特定距离外，同时还必须满足一定的量子力学条件才能够实现，所以，即便粘接面存在着化学键，但总的化学键数也比次价键数少。

第五节　静电理论

物理化学基础知识告诉我们：所有的原子都存在着一定的电负性，原子和分子之间的结合也存在电负性，固体表面由于电子的不停运动也会表现出电负性或电正性，这种电负性或电正性原子和电子之间产生引力而出现的。在最近的粘接科学文献中一般这样认为：电正性粘接物表面为碱性，电负性粘接物表面为酸性。Skinner、Savage 和 Rutzler 在 1953 年提出了以双电层为理论基础的静电理论。该理论认为金属与非金属材料密切接触时，由于金属对电子的吸引力低，容易失去电子，而非金属对电子的吸引力高，容易得到电子，故电子可以从金属移向非金属，于是在界面处就产生了接触式电势差，形成双电层，双电层的电荷性质相反，产生了静电引力。一切具有电子供给体和接受体的物质接触时均可以产生界面静电引力作用。

静电理论认为，当胶粘剂和被粘物表面接触时，在接触界面上形成双电层而产生了静电引力，即产生了分离阻力。该理论的主要依据是：当胶粘剂从被粘物上剥离时，实验测得所消耗的能量与按双电层理论模型计算出的静电引力相符。

静电理论无法解释环境温度、湿度及其他多种因素对剥离试验结果的影响。由经典理论推算，只有当电子浓度达到每立方厘米 1021 个时静电引力才会发生显著作用，但是试验测得的电子浓度却仅有每立方厘米 109 ～ 1019 个，因此，即使界面中存在着静电作用，其对粘接强度的贡献也是可以忽略不计的。

第六节　弱边界层理论

边界层主要是指液体、固体或气体紧密接触的部分，一般是指流经固体表面最接近固体的流体层。边界层对传热、传质和物体的动量均有特殊影响，但是它没有独立的相，在这一点上和界面是有一定的区别的。如果在边界层内存在有低强度区城，则称为弱边界层。在聚合物基体内部有时会出现弱边界层，形成弱边界层的原因主要有：一是聚合物在聚合过程中带入了杂质，受杂质的影响而出现弱边界层；其次是聚合物在聚合过程中部分分子质量相对较低的物质没有完全转化，受其影响而出现弱边界层；再者是聚合物在聚合过程中加入各种助剂的影响而出现弱边界层；最后是各种原料在储存及运输过程中不慎带入杂质，受其影响而出现弱边界层。

弱边界层对于胶粘物质的黏合是有危害的，胶结体系非常容易在弱边界层处引发破坏。因此，应当尽量避免在胶结体系中出现弱边界层。实际上，在胶结体系中的弱边界层不但可以避免，而且也是可以改造及消除的。界面作用机理一般是指在界面中发挥作用的微观机理，许多学者从不同的角度，提出了许多有价值的理论。虽然这些理论还存在较大争论，目前还没有一个公认的统一理论，但均能从不同的角度对其原理进行解释，目前界面作用机理仍在不断地发展与完善中。

粘结作用的弱边界层理论是 Bikerman 在 1961 年提出来的。Bikerman 认为胶结体系由于加工工艺或体系结构上的原因，会出现各种各样的弱边界层。例如在黏合剂中那些不溶解于固化物中的组分由于分相而产生了弱边界层，以及存在于微区结构上的不均一性而产生弱边界层等。同时他还认为基于弱边界层的破坏发生在界面层的概率几乎为零。因为就破坏裂缝来说，它的传递有三种方式，即在界面层、被粘物基体中或胶体片基中传递，因此沿界面层传递的概率只有1/3，破坏通过 (n+1) 个分子传递的概率则为（1/3ⁿ），所以破坏发生在界面的可能性几乎没有。

Bikerman 的弱边界层的概念是正确的，但他解释破坏几乎不会发生在界面是错误的。正确的理解应该是粘接体系由于受加工工艺或体系结构上的因素影响，体系中不可避免地存在着这样或那样的弱边界层，破坏总是发生在弱边界层处，而这种弱边界层存在于界面的概率只有 1/3。因此破坏发生在界面的概率较小，大部分发生在被粘物基体中。

弱边界层理论认为，当粘接破坏被认为是界面破坏时，实际上往往是胶体内聚破坏或弱边界层破坏。弱边界层来自胶粘剂、被粘物和环境，或三者之间任意组合。如果杂质集中在粘接界面附近，并且胶粘剂与被粘物结合不牢，在胶粘剂和被粘物内部都可出现弱边界层。当发生破坏时，尽管多数发生在胶粘剂和被粘物界面，但实际上是弱边界层的破坏。

聚乙烯与表面氧化的金属粘接便是弱边界层效应的实例，粘接后粘接层含有强度低的含氧杂质或低分子物质，使其界面存在弱边界层，所能承受的破坏应力很小。如果采用表面处理方法除去金属表面的低分子物或含氧杂质，则粘接强度将获得很大的提高。事实也已证明，聚乙烯与表面氧化的金属粘接，其界面上确实存在弱边界层，而致使粘接强度降低。

第七节　配位键理论和酸碱理论

一、配位键理论

配位键理论是周定沛 1982 年提出的，配位键理论从配位场理论出发，试图为胶接原理建立一套统一的理论，并希望在这个理论的基础上解释所有的胶接现象，寻找合理的胶接工艺，提出合成性能优良胶粘剂的论点和论据。

配位键是一种特殊的化学键。配位键键能一般介于离子键与范德华力之间，大多数配位键键能与共价键键能相近。它的特点是成键电子对是由成键原子中的一方单独提供的，另一方只提供空轨道以接受对方提供的电子对。所以，形成配位键的必要条件是成键一方的原子或分子中具有未共享电子对或者 π 键，另一方具有能接受电子对的空轨道。另外，在形成配位键时，要求配位体系中至少有一方运动是比较自由的，邻近的原子团不得造成空间阻碍。这样才能保证成键原子双方能够充分接近，提供成键的条件。

配位键理论认为，在被粘物与胶粘剂的界面上形成了配位键。配位键是胶接强度的主要提供者，胶接强度的高低主要取决于界面上配位的密度和配位键的强度。机械力和范德华力都对胶接强度有贡献，但是，不是主要的。在有机物的胶接中，扩散对胶接强度起着一定的作用，但起主要作用的是氢键，而氢键是一种特殊的配位键。

根据配位键力理论，胶接接头结合界面的形成可以描绘为：粘接时，胶粘剂涂覆在被粘材料表面后，受被粘材料表面能的吸引，胶粘剂开始润湿被粘材料表面。附着在被粘材料表面的胶粘剂因呈液态或高弹态，所以胶粘剂分子及其链节和极性基团会产生微布朗运动。在运动过程中当胶粘剂分子中带电荷部分（通常是带孤对电子或 π 电子的基团）与被粘材料带相反电荷部分之间的距离约小于 0.35 纳米时，就会相互作用形成配位键。配位键的形式依据胶粘剂与被粘材料的不同而不同。常见的有：含有孤对电子的胶粘剂与金属形成的配位键，胶粘剂与被粘材料之间含有孤对电子、π 电子或氢离子电荷转移形成的配位键及氢键等。

这些配位键一旦形成就会有较大的结合能。这种结合能来自共用电子对的离域力和由于成键双方分别产生的正负电荷之间的静电吸引力。由于配位键键能一般较强，所以配位键一经形成，就很难被破坏。同时，胶粘剂分子与被粘材料分子成键后距离更为接近，这样没有成键的链段也会产生范德华力结合。胶粘剂与被粘材料除产生配位键力结合外，个别的也会形成离子键或共价键结合。当然胶粘剂渗入被粘材料孔隙中还会产生机械结合。这样就形成了牢固的胶接接头。我们也可看出，胶粘剂与被粘材料黏合力的产生主要来自它们之间的配位键力。为什么呢？这是因为形成配位键结合的条件很宽，胶粘剂和被粘材料只要一方是电子供给体，另一方是电子接受体即可。而胶粘剂与被粘材料通常是满足这些条件的。

配位键是否被真正建立以及它的强度，当然还要受其他因素的限制。如果被粘物是有机物，大量的有机物表面都没有空轨道，然而，很多有机物（如某些塑料）选用适当的胶粘剂也能获得很好的胶接强度。扩散理论认为，这是分子之间发生扩散，在界面层被粘物与胶粘剂分子之间发生互相渗合交织，使界面消失的结果。在胶粘剂与被粘物能互溶的情况下，以及被粘物是多孔性物质时，分子间的扩散对胶接强度可能是重要的。然而，像对热固性塑料、高结晶度塑料等的胶接，扩散可能不起主要作用，起主要作用的是氢键。即使是扩散起重要作用的情况，氢键的作用也是主要的。关于氢键的本质，一般认为是一种强范德华引力，但配位键理论认为氢键也是一种配位键，理由是，把氢键中的氢原子当成配位键中的接受电子对的中心原子，而且在氢键，氢原子确实接受了一对未共享的电子对而形成配位。

配位键理论很好地解释了难以用现有粘接理论解释的一些粘接问题，例如胶粘剂与金属的粘接、橡胶与金属的粘接、极性胶粘剂与非极性材料的粘接等现象，但难以解释有机物被粘物与胶粘剂互溶而发生的粘接现象，因为大量的有机物表面都没有空轨道。

二、 酸碱理论

1962 年，Fowkes 就开始研究酸碱的相互作用对粘附的影响，从物质表面性质出发运用路易斯（Lewis）酸碱原理，提出了粘附的酸碱理论，并解释了包括含氢键物质在内的许多粘接现象。

酸碱理论认为，复合材料界面可被视为广义的酸碱，要实现界面较好的粘接，必须使界面的酸碱性相互匹配，酸性表面可与碱性表面通过酸碱相互作用结合。人们在应用界面酸碱作用理论研究聚合物复合材料界面粘接性能时提出许多方法，其中重要的有酸碱参数法和粘接功法。

按照 Lewis 酸碱原理，任何能接受电子的物质均被认为是酸，而能给予电子的物质则为碱。酸与碱发生作用时，将有热焓变化。对于含氢键物质间相互作用历来是用范德华引力来解释的。但研究发现，不论对于含氢键体系或非含氢键体系，物质间相互作用的焓变主要取决于物质的酸、碱作用，而不是偶极与偶极相互作用。酸碱理论同样适用于对粘接功的计算。酸碱参数法和粘接功法很好地验证了酸碱理论的合理性。

以上是近年来提出的几种粘接理论，虽然每一种理论都有一定的事实依据，但又与另一些事实发生矛盾，在研究讨论粘接过程和机理时，必须分析各种力的作用和贡献。实际上粘接是一个复杂的过程，粘接界面上存在着多种现象，在分析时要注意几种粘接理论的结合。

第八节　粘接力

由前面各种粘接理论可知，粘接剂与被粘物之间的界面相互作用力称粘接力。粘接力的来源是多方面的，主要有如下几种：

一、化学键

化学键力又称主价键力，存在于原子或离子之间，有离子键、共价键和金属键 3 种不同形式。

离子键力是正离子和负离子之间的相互作用力。离子键力与正负离子所带电荷的乘积成正比，与正负离子之间距离的平方成反比。离子键力有时候可能存在于某些无机胶粘剂和某些无机被粘物表面之间粘接形成的界面结合体内。

共价键力即为两个原子之间公用电子对所产生的作用力。每个电子对产生的共价键力为（3～4）×10^{-9}N，共价键能等于共价键力与形成共价键的两个原子间距离的乘积。共价键可能存在于粘接在一起的带有化学活性基团的粘接剂分子与带有化学活性基团的被粘物分子之间，绝大部分有机化合物都是通过共价键结合在一起的。

金属键力是金属正离子之间或金属与其他物质之间由于电子的自由运动而产生的连接力。有机聚合物等粘接剂与金属之间的粘接可以认为形成了金属配位键。

化学键（主价键）有较高的键能，粘接剂与被粘物之间若能产生较多的化学键，其粘接强度将会显著提升。

二、分子间力

分子间力又称次价健力，包括取向力、诱导力、色散力（合称范德华力）和氢键力等几种形式。

取向力即极性分子永久偶极之间产生的引力，与分子间偶极矩的平方成正比，与两分子间的距离的六次方成反比。分子的极性越大、分子之间的距离越小，产生的取向力就越大，温度越高，分子取向力越弱。

诱导力是分子固有偶极和诱导偶极之间的静电引力。极性分子和非极性分子相互靠近时，极性分子使非极性分子产生诱导偶级，极性分子之间也能产生诱导偶级。诱导力与极性分子偶极矩的平方成正比，与被诱导分子的变形程度成正比，与两分子间的距离的六次方成反比。与环境温度无关。

色散力是分子色散作用产生的引力。由于电子是处于不断地运动之中的，正负电荷之间瞬间的不重合作用（色散作用）产生的瞬时偶极，诱导附近分子产生瞬时诱导偶极，这种偶极间形成的作用力称为色散力。低分子物质的色散力较弱，色散力与分子间距离的六次方成反比，与环境温度无关。非极性高分子物质中，色散力占分子间作用力的80%～100%。

氢键作用产生的力称作氢键力。当氢原子与电负性大的原子X形成共价化合物HX时，HX中的氢原子吸引临近另一个HX分子中的X原子而形成氢键。X原子的电负性越大，氢键力越强，X原子的半径越小，氢键力越大。氢键具有饱和性和方向性，比主价键力小得多，但大于范德华力。有时将氢键归为配位键。

三、机械力

机械嵌合理论认为粘接力来源于两粘接表面的机械互锁，靠锚固、契合和钩合等作用形成的机械力，使胶粘剂与被粘接物黏合在一起，这种微观的机械结合对粘接多孔表面材料效果更为显著，在粘接泡沫、木材、塑料、橡胶等多孔被粘物时，机械嵌合作用是重要粘接力。实际上在多数粘接物中这种力并非起主要作用，只是在一些场合改善了粘接效果。

第二章　卷烟胶的分类

卷烟胶按用途分为搭口胶、中线胶、滤棒成型胶、接嘴胶、封签胶、小盒包装胶、条盒包装胶等。按卷烟胶的形态可分为水基型卷烟胶和热熔型卷烟胶。一般来说，水基型卷烟胶主要用于烟支卷制搭口、烟支滤嘴接装、小盒及条盒包装、纸箱的封装以及中线胶；热熔型卷烟胶主要用于滤棒成形搭口、小盒及条盒包装以及纸箱的封装。本章重点按其形态分类进行介绍，在以后的章节中再重点按其主要用途进行分类介绍。

第一节　卷烟胶的定义

要了解卷烟胶，首先得了解胶粘剂。什么是胶粘剂呢？胶粘剂就是通过界面的粘附和内聚等作用，能使两种或两种以上的制件、材料连接在一起的天然的或合成的、有机的或无机的一类物质，统称胶粘剂，又叫黏合剂，习惯上简称为胶。简而言之，胶粘剂就是通过黏合作用，能使被粘物结合在一起的物质。

卷烟胶，又名烟用胶粘剂，是胶粘剂的一种，泛指在卷烟生产过程中用于烟支卷制搭口、烟支滤嘴接装、卷烟小盒及条盒包装、烟箱封装以及在滤棒生产过程中所用的胶粘剂。由于卷烟是用来抽吸的，对胶粘剂有着更严格的食品安全要求，除了具有良好的粘接特性外，还要求胶粘剂及其溶剂必须无毒、无害、无色（或浅色）、无异味，卷烟搭口胶更是要求燃烧过程中不产生异味和有害物质。

第二节　水基型卷烟胶

水基型卷烟胶（简称水基胶）是由能分散或能溶解于水中的成膜材料制成的胶粘剂，又称为水溶性胶粘剂。

从环保要求的角度来看，水基胶粘剂与热熔胶粘剂几乎成了胶粘剂用户的首选。由于水基胶粘剂主料品种多，复合配方内涵丰富，因此胶种与系列远远超过热熔胶粘剂。其产量之高、用量之大、应用之广是其他胶粘剂无可比拟的，且日趋明显。

以水代替有机溶剂，对节省原料消耗、减少环境污染和降低对人体及动物的危害或潜在的危害等方面，起着重要的作用。但就食品胶粘剂及卷烟胶粘剂而言，无公害的配方研究工作还远远没有结束。除了溶剂之外，还必须仔细推敲主料和添加剂的毒副作用。食品要进入人体的消化道，而卷烟在抽吸时，搭口胶参与燃烧，所产生的气体随烟气一起进入人体口腔、鼻腔、喉部、肺、血液循环系统，甚至进入消化系统，其他类型的卷烟胶可能与皮肤和口腔接触，有可能随唾液进入人体的消化系统。故卷烟胶主要涉及人体的皮肤、口腔、呼吸道甚至神经系统、血液循环系统和消化系统。因此，对卷烟胶粘剂的潜在危害需要进行综合考虑，必要时要进行病理和毒理试验。

卷烟胶粘剂的技术要求包括对材质的粘接性能、适应高速卷烟机的工艺性能和极高的无公害卫生要求，因此可以断言，在各类水基型胶粘剂中卷烟胶粘剂是技术含量最高的门类之一。

一、水基型卷烟胶的种类

不同时代，水基型卷烟胶的主料不同，水基胶的发展基本上伴随着卷烟机和包装机车速的变化而发展的。20 世纪七八十年代以前，卷烟机车速较低，对于水基胶的性能要求也较低，国内多使用糊精等天然物质。随着高速卷烟机的使用，以前使用的胶粘剂已不能满足较高车速的需求，因此人工合成水基胶渐渐流行起来。我国水基胶是在引进国外聚乙酸乙烯酯（PVAc）乳液的基础上发展起来的，目前国内使用的卷烟胶除了 PVAc 之外，还有醋酸乙烯 - 乙烯（VAE）共聚乳液、醋酸乙烯 - 丙烯酸丁酯（VAB）共聚乳液。国内现在常用于高速卷烟机上的水基胶一般为 VAE、VAB 两种乳液胶，其主体材料都是乙酸乙烯酯和软单体的共聚物。前者是乙酸乙烯酯和乙烯单体的共聚物，共聚比例多为 84：16；后者是乙酸乙烯酯和丙烯酸丁酯的共聚物，共聚比例一般为 60：40。国内应用最多的是 VAE，还有少量使用改性淀粉胶。在 PVAc 中加入软单体使分子链柔顺进而有利于其摆动，使胶粒分子链与卷烟纸更容易结合而增强粘接强度，同时软单体自有的内增塑性使得胶液的最低凝固温度降低，室温下就可以使粘接层具有优良的塑性，从而使卷烟具有良好的口感。

（一）聚乙酸乙烯酯（PVAc）乳液胶

PVAc 乳液胶的合成工艺简单，容易大量生产。一般聚乙酸乙烯酯合成均采用醋酸乙烯作为单体，聚乙烯醇为增稠剂，过硫酸铵作引发剂，在水中乳化聚合而得。不仅如此，PVAc 乳液胶还具有无毒无害无污染、强粘接性、易生产以及价格低廉等优点，因此，PVAc 乳液胶在卷烟生产过程中应用十分广泛。但单纯的聚乙酸乙烯酯乳液胶在生产过程中还存在一些不足之处，如耐水性、稳定性、耐寒性较差，初始黏性较低，不适用于高速卷烟机等，因此，需要采取一些必要的方法对其改性。

1.PVAc 混合改性

混合改性是一种获得性能优越、价格低廉聚合物乳液的重要途径，已经广泛用于卷烟、涂料、家具等方面，具体分为如下几类：

（1）在聚合物乳液中加入添加剂，填补乳液空隙，使乳液更均匀化，从而提高其性能。早在 1997 年，路国箐等的研究首次采用甲醛树脂、三聚氰胺等原料对 PVAc 乳液进行改性。由于这些物质的加入，有效地消除了乳液的空隙，从而大大提高了乳液胶的耐水性、黏性等性能。之后陈和生等采用了在聚合物乳液中加入纳米 SiO_2 进行改性。他们发现纳米 SiO_2 的加入，有效地填补了聚合物乳液的空隙，使乳液表面均一化，其耐水性、耐热性得到改善，并且由于纳米 SiO_2 颗粒很小，数量众多，Si 很容易和乳液中的氧发生配位，进而增强了乳液的稳定性。

（2）在聚合物乳液中加入交联剂，使其成为网状结构，增加其稳定性，提高性能。Sang MokChang 等人报道了 PVAc 乳液可以在其玻璃化温度下与聚甲基丙烯酸甲酯（PmmA）发生交联，从而大大提高了乳液的黏性。国内有许多科研工作者也对 PVAc 乳液进行了类似的改性研究。2002 年，郑永军等在 PVAc 乳液胶中加入丁苯乳胶等原料，然后混匀，发生交联得到一类防水性能好、黏性强的乳液胶。张明珠等则采用加入一些带有特殊官能团的化合物如甲壳胺等，发现这些化合物均能同乳液胶中的活性基团羟基进行交联，从而形成大分子的网状结构，有效地提高了聚合物乳液胶的耐水性和稳定性。

（3）在聚合物乳液中加入偶联剂，其原理同加入交联剂相似，就是利用化合物的活性官能团与聚合物中的活性官能团羟基发生反应，达到改善其性能的目的。郑宝山等在聚合物乳液中加入偶联剂硅烷，发现不管是干态，还是湿态强度都有很大的提升，同时硅烷同 PVAc 乳液偶联形成网状结构，使耐热性得到了提高。

（4）在聚合物乳液中加入一些特殊的树脂，这些树脂的加入使胶粘剂结合了两种聚合物的性质，可以有效地改善 PVAc 乳液胶的性能。

2.PVAc 共聚改性

上述提到的混合改性有个致命的缺陷，就是混合的两种或多种化合物必须互溶，因为它们之间的作用力为范德华力，如果互溶性不好，则改性效果会比较差。因此，也有科技工作者通过共聚改性来提高 PVAc 聚合物的特性。共聚改性的实质就是 PVAc 乳液胶中的活性基团羟基与不饱和的烃类化合物反应，得到一类类似网状结构的聚合物，从而改善其性能。根据其反应的类型可分为以下几类：

（1）在聚合物乳液中加入丙烯酸类单体，形成共聚乳液。王平华等报道了一类新型的乳液共聚物，他们通过 PVAc 乳液胶与几种不同的烯烃反应，形成不同的支链，极大程度地提高了胶的柔韧性，同时改善了乳液胶的耐水性和抗冻性能。为了改善其耐水性和初粘力，庞金兴等将 PVAc 乳液胶与丙烯酸类衍生物共聚，同时还在反应体系中加入一些增稠剂，使共聚乳液胶的耐水性和初粘力得到提升。邱小明等报道了甲基丙烯酸羟乙酯等原料与 PVAc 乳液胶共聚的方法，得到了一类耐水性能优越的 PVAc 乳液胶，并对这一方法进行系列优化，得到了最佳反应条件。黄海霞等报道了三种不同引发剂（双氧水、亚硫酸氢钠、双氧水 - 亚硫酸氢钠）引发 PVAc 乳液胶与丙烯酸单体反应，得到一类改性的聚合乳液胶，并改善了其耐水性、耐热性、黏性等特性。

（2）在聚合物乳液中加入有机硅烷类单体，反应形成共聚乳液胶，从而改善其性能。吴伟剑等为了提高 PVAc 乳液胶的耐水性能，在传统的 PVAc 乳液胶制备过程中加入有机硅单体等原料，反应形成一类改性的 PVAc 乳液胶，并且采用了正交试验，找到了合成这类改性胶的准确配比。刘得峥等报道了聚乙酸乙烯酯与含氢甲基硅油反应制备改性 PVAc 乳液胶的方法，并研究发现该类改性聚乙酸乙烯酯胶具有很好的耐水性和耐寒性。廖俊等报道了一类新型的改性聚乙酸乙烯酯胶，他们在聚乙酸乙烯酯合成过程中加入二甲基硅氧烷等有机硅烷试剂，通过乳液共聚得到乳液胶，发现该类改性聚乙酸乙烯酯胶具有很好的耐寒性和极好的储藏性能，并且这种合成方法的单体转化率很高。

（3）在聚合物乳液中加入苯乙烯类单体，不仅可以改善 PVAc 乳液胶的性能，还可以有效地降低成本。Ayoub 等报道了一类新型的改性聚乙酸乙烯酯胶，他们将苯乙烯和乙酸乙烯酯反应，整个反应在氧化还原体系（亚硫酸氢钠和过硫酸钾）中进行，研究发现这种改性聚乙酸乙烯酯胶有着不同于之前报道的改性胶的特性，就是在比较干的时候容易脆裂。

（二）醋酸乙烯 - 乙烯（VAE）乳液胶

醋酸乙烯 - 乙烯（VAE）乳液胶采用聚醋酸乙烯（VAC）、乙烯为基本原料，加入乳化剂、引发剂，在高压的环境下乳液共聚而成。醋酸乙烯 - 乙烯（VAE）乳液胶不仅合成简单，还有许多优良的特性：

1. 持久的柔韧性

醋酸乙烯 - 乙烯（VAE）乳液胶在合成过程，加入的乙烯单体，使聚乙酸乙烯酯分子中引入乙烯结构，使聚合物中的乙酰基不连续，增加了高分子主链的自由度，空间障碍小，因此具有很好的柔韧性。

2. 较好的耐酸碱性

醋酸乙烯 - 乙烯（VAE）乳液胶在酸碱的环境中能保持良好的性能，不会出现破乳絮凝现象。

3. 很好的混溶性

醋酸乙烯 - 乙烯（VAE）乳液胶可以和很多种添加剂混溶，如防腐剂、分散剂、阻燃剂、颜料等，除此之外，醋酸乙烯 - 乙烯（VAE）乳液还可以和各种高分子聚合物、小分子化合物和谐共存，如聚乙二醇水溶液、氯化锌水溶液、葡萄糖酸锌水溶液等，容易提高乳液的特性。

醋酸乙烯 - 乙烯（VAE）乳液胶除了具有以上的良好特性外，还具有很好的抗紫外线能力、好的粘接性能以及成膜能力，以至于在卷烟胶粘剂、涂料、水泥改性、纸加工等领域应用非常广泛。

（三）醋酸乙烯 - 丙烯酸丁酯（VAB）

醋酸乙烯 - 丙烯酸丁酯（VAB）乳液胶采用聚醋酸乙烯（VAC）、丙烯酸丁酯（BA）为基本原料，加入乳化剂、引发剂和单体共聚而成。醋酸乙烯 - 丙烯酸丁酯（VAB）乳液胶具有两相核 - 壳结构，不仅合成简单，成本较低，还有抗冻性、耐水性好等许多优良的特性。

（四）改性淀粉乳液胶

20 世纪 70 年代研制的淀粉类的卷烟胶曾经被广泛应用，这种胶既安全环保，又成本低廉，而且取材简便。但是随着卷烟机车速的不断提升，如今，淀粉胶已经不能满足高速卷烟机的生产需求，逐渐被化学合成的卷烟胶取代。随后兴起的聚乙酸乙烯酯（PVAc）乳液胶和醋酸乙烯 - 乙烯（VAE）乳液胶虽然具有黏性好、容易合成、生产成本低等诸多优点，但同时不可避免地存在一些缺点，最主要的是安全性较低，因为这类有机聚合物在合成过程中，加入的单体物质不能完全转化，会残存一些单体物质，并且聚合物本身燃烧时会发生裂解，释放出的气体不仅影响卷烟烟气的品质、口感，而且和烟气一起吸入人体，对人体健康存在着潜在的危害风险。对传统的淀粉类卷烟胶改性处理，可以为解决这一问题提供一种有效途径。改性淀粉卷烟胶大致可以分为以下几类：

1. 氧化改性淀粉卷烟胶

氧化改性淀粉卷烟胶的制备方法是将淀粉等糖类聚合物进行部分氧化，使聚合物中部分化学键断裂，官能团发生改变，聚合度降低。这一过程主要是糖类中的羟基被氧化为醛基或羧基，提高了聚合物的黏性，同时，由于聚合度减少，使其亲水性增加，更容易与水互溶，增强了其流动性，拓展了其应用范围。

2. 酯化改性淀粉卷烟胶

酯化改性淀粉卷烟胶是利用淀粉等聚合物中羟基与其他带有羧基、酸酐等活性官能团的化合物反应而获得，通过酯化改性提高了淀粉胶的防潮性和强度。

3. 接枝改性淀粉卷烟胶

接枝改性淀粉卷烟胶的制备是利用淀粉糖类聚合物中的活性官能团与外来具有烯基、酰基等的化合物进行反应，从而将这类化合物作为聚合物的支链引入聚合物中，可以很大程度上改善淀粉类胶的性能，如淀粉化合物中引入聚乙烯醇，改性后淀粉胶的初粘性得到大幅度提高。

4. 交联改性淀粉卷烟胶

交联改性淀粉卷烟胶的制备是利用部分糖类聚合物中的羟基官能团与具有两个或两个以上的官能团的化合物进行反应，从而将淀粉分子中的羟基通过不同的化学键交联在一起，形成网状结构，有效地提高淀粉胶的干燥速度、粘接强度等特性。

二、水基型卷烟胶的应用范围

水基型卷烟胶根据其用途不同，又可以分为搭口胶、接嘴胶、包装胶和滤棒胶等。其中搭口胶用于粘接卷烟烟支搭口；接嘴胶主要用于烟支和滤棒之间的粘接；包装胶主要用于粘接卷烟小盒、条盒纸、封签纸、内衬纸、烟舌和烟箱等包装材料；滤棒胶主要用于滤棒中线胶或丙纤滤棒的粘接固化等。

三、水基型卷烟胶的性能要求

水基型卷烟胶的性能直接影响着卷烟机生产的生产效率、消耗和卷烟质量。水基型卷烟胶的性能有如下要求：

（1）初粘性强，快速固化，成膜性好，膜较易剥离但不能有拉丝现象；

（2）粘接强度较高，接嘴胶、搭口胶和金卡包装胶需要较好的流动性能；

（3）较易喷涂均匀，胶槽和施胶机构易清洗，搅动不易起泡，使用方便；

（4）粘接平滑无毛刺，有较好的浸润性，粘接面柔软；

（5）无毒、无害、无污染、无异味、无易挥发性有毒物质、不易腐蚀；

（6）可燃但不易燃烧，固化后没有颜色；

（7）稳定性好（包括冷热稳定性、离心稳定性）。

四、水基型卷烟胶的技术标准及指标

由于水基型卷烟胶的研究没有停歇，性能越来越优良的卷烟胶被不断研制出来，而我国关于卷烟胶的国家标准、行业标准和企业标准也一直随之进行调整。

现行的关于卷烟胶的产品质量标准是国家标准《Q/HT013-2001 乳白胶》和行业标准《YC/T188-2004 高速卷烟胶》。

《Q/HT013-2001 乳白胶》标准的主要要求是：

（1）非易燃易爆品，无毒、无气味、无污染、无腐蚀；

（2）与木材、纸张、纤维、水泥等材料之间有很好的粘接性能；

（3）常温易固化，成膜性好，较强的初粘力。

产品应用性能指标：

（1）本产品最佳的使用温度范围为10 ℃～40 ℃；

（2）一般不稀释直接使用，若要稀释，稀释剂用量必须经过试验后决定；

（3）很好的机械稳定性，在常规的高速搅拌下不存在破乳的可能性；

（4）本产品最好不要和强酸、强碱以及有机溶剂等混用，以免破乳；

（5）冬天易出现冻凝现象，可采用水浴加热措施或置于20 ℃～40 ℃环境中保温贮存。

烟草行业标准《YC/T188-2004 高速卷烟胶》对于卷烟胶的外观、黏度、pH 值、蒸发剩余物和粒度等基本物理参数进行了规定，胶粘剂的外观应呈白色均匀乳液状，不应有可视异物和与卷烟不协调的异味。其他技术指标规定见表2-1。

表2-1　高速卷烟胶技术指标

指标名称	单位	技术要求
黏度	mPa·s	标称值（1.00±0.20）
pH	—	4.0～6.5
蒸发剩余物	%	标称值 ±2.0
粒度	μm	≤2
残存单体	%	≤0.5
稀释稳定性a	%	≤5

指标名称	单位	技术要求
最低成膜温度 b	℃	≤ 15
重金属（以 Pb 计）	mg/kg	≤ 10
砷（AS 计）	mg/kg	≤ 3

注：a、b 为型式检验指标

除了上述指标外，PATTHAVONGSA PATTHANA 还对水基型卷烟胶的初粘性、润湿性、固化时间、稳定性（热、冷、离心）、T 型剥离强度等五项性能指标进行了研究，得到如下结论：

（1）初粘性。利用斜面滚球法，在不同倾斜角度条件下，测试不同种类的胶－纸关系中胶的黏度、固含量对卷烟胶初粘力大小的影响。结果表明：试验条件下，初粘力随着卷烟胶的黏度、固含量的增大而增大；随着倾斜角度的增加而减小。

（2）润湿性。利用光学快速摄像仪器测量不同种类的卷烟胶在对应的卷烟用纸上的接触角，研究不同黏度、胶种在对应卷烟用纸上的润湿性。结果表明：卷烟胶的黏度对胶的接触角影响不大，基本保持在一定的范围内；不同卷烟胶—卷烟用纸的接触角不同，A 类搭口胶的接触角范围：56°～ 60°；B 类接嘴胶的接触角范围：72°～ 78°；金卡包装胶的接触角范围：82°～ 85°。

（3）固化时间。利用自制点胶器直线等距离点胶，研究不同压块重量、施压时间、涂胶量对固化时间的影响。结果表明：一定范围内，随着压块重量和施压时间的增加，卷烟胶的固化时间均呈现缩短的趋势。但随着涂胶量的增加，其固化时间延长。

（4）稳定性。利用恒温烘箱、冰箱及离心机测试卷烟胶受冷、热、重力（离心力）的条件下，乳液形式的卷烟胶内会存在破乳、分离，出现相间分层的现象。测试不同温度、不同离心力作用下，卷烟胶粘剂的冷、热及离心稳定性，试验结果为卷烟胶的储存温度范围为 2 ℃～ 45 ℃之间。

（5）T 型剥离强度。利用一种 T 型剥离的检测方法，研究不同胶—纸匹配样条的剥离强度。结果表明：润湿渗透性越好的纸，其粘接样条的剥离强度越大；剥离力与黏度呈正相关关系。

第三节　热熔型卷烟胶

热熔胶是热熔胶粘剂的简称，它在生产和应用时不使用任何溶剂，无毒无味，不污染环境，被誉为"绿色胶粘剂"，特别适宜在连续化的生产线上使用。

热熔胶的成分主要是树脂胶、增粘树脂、蜡等的混合体，胶越多，剥离强度越高，影响粘接效果；蜡多了，剥离强度会过低，粘接效果差，包装易开裂。

热熔胶是一种可塑性的黏合剂，常温呈固体状态，加热融化后能快速粘接。热熔胶比白乳胶更优越，更实用，性价比高，耐高温、耐低温，可以克服白乳胶缩水、发霉、干得慢等缺点；可以增加产品的硬度，不易变形打折，拥有强力黏性，折叠柔软，无气味。用后也不会因温度低出现脱胶现象，其特点是：

第一，粘接迅速。通常从涂胶到冷却粘牢，只需要几十秒，甚至几秒的时间；

第二，粘接范围广。对许多材料，甚至对公认的难粘材料（如聚烯烃、蜡纸、复写纸等）也可以进行粘接，特别是使用热熔胶粘接的接头，可经受 $105 \sim 106$ 次以上的弯曲而不开裂；

第三，可反复加热，多次粘接。热熔胶使用时加热熔化，进行粘接；冷却后固化。再次粘接时，熔化后即可，热熔胶不会因为多次熔化而使性状发生改变，可以多次熔化和粘接；

第四，性能稳定，便于贮存运输。热熔胶在一定温度范围内其物理状态随温度改变而改变，而化学特性不变，其无毒无味，属环保型化学产品，运输和贮存条件不苛刻；

第五，成本低廉。热熔胶没有溶剂消耗，避免了因溶剂的存在而使被粘物变形、错位和收缩等弊端，不会产生 VOC 等有害气体，有助于降低成本、提高产品质量。

但是热熔胶也存在一些缺点：主要是耐热性和粘接强度较低，不适宜作为结构胶粘剂使用。由于热熔胶熔融体黏度一般较高，对被粘材料的浸润性较差，通常需要加压黏合，以此提高粘接强度；在高温条件下粘接后的材料会因热熔胶熔化而使粘接面开裂；另外，热熔胶在使用时需要专用设备对其进行熔化，如涂胶机、热熔枪等，因此在某种程度上限制了它的应用范围。

一、热熔型卷烟胶的主要成分

热熔型卷烟胶，多属于 EVA 类热熔胶，由乙烯－乙酸乙烯酯共聚物、树脂、增粘树脂、蜡、抗氧剂等组成。

（一）EVA 热熔胶

EVA 热熔胶是一种不需溶剂、不含水分的 100% 固体可熔性聚合物；它在常温下为固体，加热熔融到一定温度变为能流动且有一定黏性的液体。熔融后的 EVA 热熔胶，呈浅棕色或白色。EVA 热熔胶由 EVA 基本树脂、增粘剂、黏度调节剂和抗氧剂等成分组成。

（二）EVA 热熔胶的构成

热熔胶的基本树脂是乙烯和醋酸乙烯在高温高压下共聚而成的，即 EVA 树脂。这种树脂是制作热熔胶的主要成分，基本树脂的比例、质量决定了热熔胶的基本性能（如粘接能力、熔融温度及粘接强度），一般选择 VA 含量为 18% ~ 33%，熔融指数（MI）为 6 ~ 800，VA 含量越低，结晶度越高，硬度越大，同等情况下 VA 含量大，结晶度低，弹性增大。EVA 熔融指数（MI）的选择也很重要，熔融指数越小，流动性越差，强度越大，熔融温度越高，对被粘物润湿和渗透性也越差；相反熔融指数过大，则胶的熔融温度低，流动性较好，但粘接强度低。助剂的选择也很重要，应选择与乙烯 - 乙酸乙烯酯共聚物比例恰当的助剂。

1. 增粘剂

增粘剂是 EVA 热熔胶的主要助剂之一。如果仅用基本树脂，熔融时在一定温度下具有一定的粘接力，当温度下降后，就难以对纸张进行润湿和渗透，失去其应有的粘接能力，无法达到应有的粘接效果；加入增粘剂就可以提高胶体的流动性和对被粘物的润湿性，改善粘接性能，达到所需要的粘接强度。一般增粘剂有松香、改性松香（138 或 145）、C_5 石油树脂、C_9 石油树脂、萜烯树脂等。

2. 黏度调节剂

黏度调节剂也是热熔胶的主要助剂之一。其作用是增加胶体的流动性，调节凝固速度，以达到快速粘接牢固的目的，否则热熔胶黏度过大，无法或不易流动，难以渗透到被粘物中去，就不能将其粘接牢固。加入软化点低的黏度调节剂，就可以达到粘接时渗透好、粘得牢的目的。一般选择石蜡、微晶蜡、合成蜡（PE 或 PP）、佛托蜡等。

3. 抗氧剂

加入适量的抗氧剂是为了防止 EVA 热熔胶的过早老化。因为胶体在熔融时温度偏高会氧化分解，加入抗氧剂可以保证在高温条件下，粘接性能不发生变化。

除以上几种原料外还可根据气温、地区的差别，配上一些适合寒带气温的抗寒剂或适合热带气温的抗热剂。

二、热熔型卷烟胶的使用范围

热熔型卷烟胶根据其用途不同，又可以分为滤棒成型胶和包装胶等。其中滤棒成型胶主要用于滤棒成型纸搭口的粘接；包装胶主要用于粘接水基胶不易粘接的卷烟包装盒商标纸、条盒纸、封签纸和烟箱等包装材料；另外，也有卷烟搭口胶和接嘴胶少量使用热熔胶的报道。

三、热熔型卷烟胶的性能特点

（一）胶的颜色

若被粘接物本身对颜色没有特殊要求，推荐使用黄色热熔胶，一般来说，黄色热熔胶比白色热熔胶粘接性能更好。

（二）作业时间

作业快速是热熔胶的一大特点。热熔胶的作业时间一般在 15 秒左右，随着现代生产方式＋流水线的广泛应用，对热熔胶的作业时间要求越来越短，如书籍装订等对热熔胶的作业时间要求达到 5 秒左右。

（三）抗温

热熔胶对温度比较敏感。温度达到一定程度，热熔胶开始软化；低于一定温度，热熔胶会变脆。所以选择热熔胶必须充分考虑到产品所在环境的温度变化。

（四）黏性

热熔胶的黏性分早期黏性和后期黏性。只有早期黏性和后期黏性一致，才能使热熔胶与被粘物保持稳定粘接。在热熔胶的生产过程中，应保证其具有抗氧性、抗卤性、抗酸碱性和增塑性。被粘物材质不同，热熔胶所发挥的粘接性能也有所不同，因此，应根据不同的材质选择不同的热熔胶。

（五）被粘物表面处理

热熔胶对被粘物的表面处理没有其他黏合剂那么严格，但被粘物表面的灰尘、油污也应做适当的处理，才能使热熔胶更好地发挥黏合作用。

四、热熔型卷烟胶的技术标准及指标

由于热熔型卷烟胶的研究没有停歇，性能越来越优良的热熔型卷烟胶被不断研制出来，而我国关于卷烟热熔胶的国家标准、行业标准和企业标准也一直在随之进行调整。

现行的关于热熔型卷烟胶的产品质量标准是行业标准《HG/T 3698-2002 EVA热熔胶粘剂》和《YC/T187-2004 烟用热熔胶》。

化工行业标准《HG/T 3698-2002 EVA热熔胶粘剂》对于EVA热熔胶的外观、固体含量、软化点、熔融黏度和热稳定性等基本物理参数进行了规定，具体的技术指标规定见表2-2。

表2-2　EVA热熔胶产品性能指标

项　目	指标							
	无线装订用					家用电器用	包装用	管道防腐用
	普通纸		涂料纸		边胶			
	低速	高速	低速	高速				
外观	乳白色或浅黄色固体							
熔融黏度（180℃），Pa·s	N_1 ±0.5	N_1 ±0.5	N_1 ±0.4	N_1 ±0.4	N_2 ±0.4	0.50～4.0	0.60～2.8	3.5～6.5
软化点，℃ ≥	74	82	74	80	74	70～95	85～120	—
拉伸强度，MPa ≥	3.0	3.0	3.0	3.0	2.5	2.5	2.5	2.5
扯断伸长率，% ≥	300	300	300	300	100	100	100	—
硬度（邵尔A），度	80～92	80～92	80～92	80～92	75～85	80～90	80～90	80～90
热稳定性（180℃×24h）	无颜色转黑或焦状物产生							
脆性温度，℃ ≤	-1							

注：N_1、N_2为熔融黏度标称值，推荐N_1值为2.7Pa·s～5.5Pa·s，N_2值为2.0Pa·s～2.3Pa·s

烟草行业标准《YC/T187-2004 烟用热熔胶》对热熔型卷烟胶的外观、固体含量、软化点、熔融黏度和热稳定性等基本物理参数进行了规定，烟用热熔胶外观为浅黄色或乳白色固体颗粒，无异味、无异物和炭化物。其他技术指标规定见表2-3。

表2-3　热熔胶技术指标

指标名称	单位	技术要求
固体含量	%	≥ 99.8
软化点	℃	标称值 ±3
熔融黏度	mPa·s	标称值 (1±10%)
热稳定性	℃	≥ 200
重金属（以Pb计）a	mg/kg	≤ 10
砷（As计）b	mg/kg	≤ 3

注：a、b为型式检验指标

第三章 卷烟胶的加工原理

20世纪70年代初，国内多生产无滤嘴卷烟，很少生产过滤嘴卷烟，卷烟机多为"新中国"牌卷烟机——一种国产落丝成型卷烟机，车速多为1 000支/min左右，卷烟包装多采用手工包装方式，所用卷烟胶以天然糊精类物质为主，如小麦淀粉、糯米淀粉、玉米淀粉、淀粉苛性钠、糊精及无机类硅酸钠等。自1975年从国外引进首台MOLINS PA-9卷烟机开始，相对接的包装机组也开始引进，卷烟包装也实现了自动化，随着卷烟机车速的提高，国内卷烟企业才大量使用人工合成的羧甲基纤维素（CMC）、聚乙烯醇（PVA）、醋酸乙烯（VAc）均聚及共聚乳液（emulsion，以下简称Em）、EVA热熔胶和双酚型环氧树脂等，其中用量大而广的当数合成树脂乳液。

随着卷烟工业生产的发展和技术的进步，各种人工合成黏合剂得到了广泛应用，如接嘴胶、搭口胶、中缝胶、拉线胶及各种包装胶等。通常卷烟胶多指接嘴胶和搭口胶，各种胶的用量比约为搭口胶：接嘴胶：其他用胶 =9：6：1。一个年产20万大箱的卷烟厂约需用黏合剂140～150吨/年。

为了提高生产效率，获取高额利润，卷烟机的设计车速已从几十年前的4 000～5 000支/min提高到目前的10 000～16 000支/min，甚至更高。由于各卷烟厂拥有的机型不同，生产用原辅材料不同及所处地域、生产环境温湿度等不同，对黏合剂的种类需求也不相同，但对黏合剂的质量要求是一致的，如无色、无毒、无异味、无刺激性气味等；能在适当温度下快速黏合固化；粘接必须牢固，具有一定的防湿、耐湿和防污染特性；必须有适当的黏稠度，并且均匀一致，无结块、无气泡和杂质；易贮存，不发霉、不腐败变质。

为了适应高速卷烟机的卷制要求，对于此类乳液型黏合剂，关键是如何提高其润湿性和快干性。通常采用的办法有：（1）提高乳液的表观黏度或非挥发组分；（2）降低其表面能，改善对被粘物表面的润湿性；（3）降低热塑性树脂的玻璃化温度（Tg）和乳液的最低成膜温度（MFT）；（4）加速连续相介质的挥发速度；（5）调整聚合物结构与粒子形态、尺寸，以利于黏合剂组成物中各组份优势的发挥及连续相介质向被粘物的渗透。下面就卷烟用水基型乳液胶与热溶胶的加工原理予以简述。

第一节 水基型卷烟胶

水基型卷烟胶按大类可分为聚合型卷烟胶和淀粉类卷烟胶。聚合型卷烟胶和淀粉类卷烟胶虽然性质不同，各自又可分为若干个不同种类，但其基本加工步骤和原理类似，下面分别就两种类型卷烟胶的共性加工原理和过程进行简单介绍。

一、聚合型卷烟胶

（一）聚合型乳液的一般合成步骤

乳液的聚合一般在反应釜中进行，主要加工过程：将水（去离子水或蒸馏水）和聚乙烯醇（PVA）加入配制槽中加热至一定温度（例如90℃），溶解一段时间（如30 min）制成溶液，冷却至某一温度（如60℃～65℃）加乳化剂乳化一定时间（如10～15 min）。移至反应釜中，加一定量（例如总量的一半）引发剂，在一定温度条件下（如72℃）滴加少量混合单体（约为总量的15%），然后逐渐升温至一定温度（如78℃）。余下的混合单体和引发剂分若干次加入（如混合单体分4批，引发剂分5批），每加一批混合单体要加一批引发剂。混合单体全部加完后（约4h），保温一段时间（如20 min），再加入剩余的一批引发剂，升温至一定温度（如90℃）。确认无回流以后，冷却至一定温度（如65℃），加入增塑剂（可以是卡必醇酯或邻苯二甲酸酯类）充分搅拌均匀，用pH值调节剂调节到一定的酸碱度（如pH=5左右）；降温至一定温度（如40℃）放料，制得的白色乳液即为共聚乳液。反应系统结构如图3-1所示，合成工艺流程如图3-2所示。

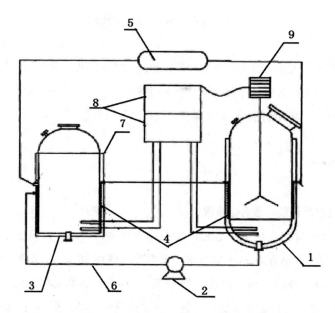

图 3-1　反应系统结构示意图

1—膨胀反应罐；2—循环泵；3—聚合反应釜；4—冷却管；5—热交换器；

6—连接管道；7—保温层；8—控制装置；9—搅拌泵

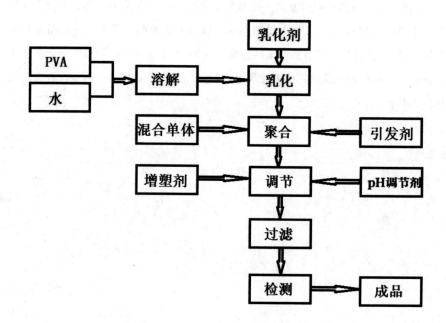

图 3-2　卷烟胶聚合工艺示意图

1. 聚乙烯醇（PVA）的影响

聚乙烯醇（PVA）在乳液共聚合成过程中，不但充当乳化剂和起着保护胶体的作用，而且还部分与乙酸乙烯酯、丙烯酸酯等发生接枝反应。在卷烟胶乳液制备中影响较大。若加入量过大，乳液胶黏度大，极易变得黏稠，不易从喷胶嘴中喷出，在卷烟机 7 000 支/min 的高车速下，极易造成缺胶而发生跑条停车；用量过少，乳黏性低，涂胶量少时，粘接力差，烟支易发生爆口而产生次品和废品，次品率高。在聚乙烯醇与低分子乳化剂并用的乳液聚合中，聚乙烯醇用量在 3% ~ 6%（相对于单体总量质量百分比），制得的乳液最适合卷烟喷胶使用。

同时，聚乙烯醇的性质会直接影响到共聚乳液的质量。一般选用聚乙烯醇 -1799 和聚乙烯醇 -1788 保护胶体。由于其主链上的羟基在分子内和分子间有很强的氢键作用，而氢键的热力学不稳定性导致乳液的冻—融稳定性较差。可采用甲醛、乙醛等对聚乙烯醇进行改性，通过减少羟基和增加位阻效应的办法，有效地改善聚合物乳液的流动性，提高其冻—融稳定性。

2. 聚合温度与保温时间

制取胶液过程中，聚合温度对聚合反应的影响很大。在无氮气保护下乙烯基类单体自由基聚合，为克服氧与阻聚剂的影响，需提高聚合反应温度。聚合温度一般应控制在（72±1）℃，且在操作时温度进行适当波动，有利于乳液粒子分布，乳液细腻，初粘性好。若温度低于70℃，不易引发反应，聚合速度缓慢，乳液黏性差，乳胶颗粒粗糙，剥离力小，易凝胶；反应温度高于85℃，反应激烈易产生粗粒子甚至发生凝聚，会导致乳液的不稳定性。

在（72±1）℃保温 2.0 h ~ 2.5 h，转化率可达 98%；保温时间过短，转化率低，游离单体含量较高；保温时间过长，粒径变大，乳液稳定性降低。

3. 引发剂的选择与用量

过硫酸铵、过硫酸钾、过氧化氢（H_2O_2）和叔丁基过氧化氢均可用于引发剂，由于过硫酸钾反应激烈，溶解性差，通常选用过硫酸铵作为引发剂。过硫酸铵的用量对乳液的稳定性、蓝光性和转化率都有一定的影响。引发剂的用量过少不易引发反应，会导致聚合反应不完全，残余单体含量过高；用量过大反应激烈，会造成乳液爆聚机会增多，聚合反应难以控制，而且所得产物的固含量也随之降低。同时由于体系中过多的引发自由基的存在，增加了其与链自由基相碰撞形成稳定分子的机会，从而抑制了分子继续增长，产物的分子量小且不稳定，用量以 0.3% ~ 0.4% 为宜。引发剂应采用分段施加的方式，开始施加 2/5 到 1/2，保证聚合前期有较高的引发速率，待温度恒定时再分批加入，反应后期加入余下的引发剂，这样可以提高转化率。

4. 单体的选择与影响

卷烟纸用任何一种水基胶都能很好地粘接，但在高速卷烟机上，因为卷烟纸运行速度在560m/min左右，普通胶粘剂的初粘性与瞬间黏合强度不够，在卷制过程中不能很好地黏合，易出现脱胶爆口现象。只有选择具有优良初粘性且无毒无味的胶才能满足要求。对乳液胶而言提高初粘性行之有效的方法就是增加固含量与降低乳液成膜温度；固含量的提高，必然导致黏度上升，流动性变差，很难制得固含量≥55%的共聚乳液，因此固含量的提高有限。最适宜的途径是降低乳液成膜温度（又称玻璃化温度）。可以用三种单体共聚来降低玻璃化温度(Tg)以达到目的，在以VAc（醋酸乙烯，Tg 28℃）为主单体的共聚乳液中，当引入合适的乙烯基柔性单体参与共聚时，能显著降低共聚乳液的玻璃化温度。采用具有较好粘附性与粘接性的BA（丙烯酸丁酯，Tg-55℃）作为共聚单体，适当加入少量功能性单体AA（丙烯酸），以改善乳液胶的剪切与冻融稳定性。三种单体的合理比例为VAc/BA/AA=100/（30～40）/（4～6）。这样制得乳液胶初粘性、粘接力、稳定性优良，Tg为5℃～7℃。

5. 乳化剂的影响

乳液聚合中另一重要组分是乳化剂，不同乳化剂的用量与配比，对乳液的稳定性、乳粒大小等有不同的影响。十二烷基硫酸钠等阴离子表面活性剂特点是用量少，乳液胶粒径小，乳液的机械稳定性好，不易生成硬块，但乳液胶放置稳定性和化学稳定性差；以OP-10为代表的非离子类乳化剂对电解质的化学稳定性良好，对系统的pH值不太敏感，能够改善冻融稳定性，但它的用量大，乳粒较粗，聚合时易生成硬块；较佳的结果为阴离子与非离子表面活性剂复配。阴离子用十二烷基硫酸钠，用量为单体的0.8%，非离子选用OP-10，用量占单体的2.8%～3.2%，这样的复合体系乳化效果良好。

当单体用量、温度、酸度、引发剂等条件固定时，随着复合乳化剂用量的增加，可使乳液胶粒数量增加，同时聚合速率加快，导致产物的黏度、放置稳定性、平均分子量等随之增加，但其流动性和粘接强度等都会随之降低。考虑到乳化剂的综合应用效果，一般复合乳化剂的用量为0.4%～1.0%。

6. 搅拌速度对乳液聚合的影响

搅拌速度太快，乳液飞溅起泡，筒壁上易结膜，延长聚合诱导期，易导致凝胶；搅拌速度太慢，单体分散不均匀，影响整个聚合反应。搅拌速度宜控制在300～400r/min。

7. pH值的影响

在共聚体系中，pH值对单体在水中的溶解度、乳化剂的胶束状态、引发剂的分解速率及反应速率都会产生影响。如果体系pH值过大，会导致乳液结块分层。可以通过加入复合改性剂对体系的 pH 值进行调整，使 pH 控制在 4 ～ 6 之间。

（二）VAE 乳液生产工艺现状

1. 传统工艺

VAE 乳液生产普遍采用半连续间歇式聚合反应体系，工艺流程包括乙烯压缩工段、保护胶体配制、乳化体系配制工段、氧化剂配制工段、聚合工段、脱泡工段过滤、冷却工段、贮存和装罐工段。聚合工段主要由反应釜、循环泵和外设热循环反应系统组成。工艺流程简图如图 3-3 所示。

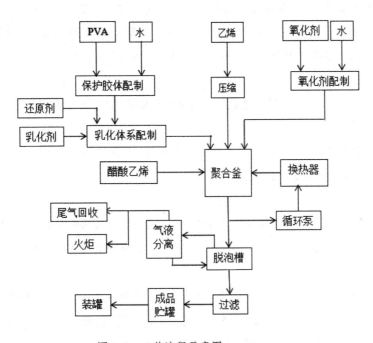

图 3-3 工艺流程示意图

（1）乙烯压缩工段：为了缓冲加工过程中乙烯用量变化对压缩机负荷的冲击，把来自乙烯贮罐的乙烯通过压缩机压缩进入乙烯高压贮罐备用；

（2）保护胶体与乳化剂配制工段：向保护胶体配制槽中加入一定比例的聚乙烯醇（PVA）和蒸馏水，利用加热蒸汽对保护胶体配制槽加热搅拌溶解。溶解冷却后输送到乳化体系配制槽，再加入一定比例的乳化剂和还原剂，在常温下搅拌使乳化剂和还原剂充分溶解，然后通过泵送入聚合反应釜中；

（3）氧化剂配制工段：把氧化剂加入氧化剂配制槽中，在常温下加蒸馏水稀释到一定比例备用；

（4）聚合工段：将配制好的乳化剂体系、初始VAc（醋酸乙烯）加入聚合反应釜中，再向聚合反应釜中通入乙烯，当达到设定压力后，关闭乙烯进料阀。开启反应器循环泵和反应器搅拌器，系统循环开始。向换热器通入低压蒸汽预热反应物料，达到初始反应温度之后，关闭加热蒸汽。然后向聚合反应釜中加入氧化剂，利用换热器切换加热蒸汽与冷却水来控制反应温度。当反应时间计时结束，停止向反应釜中加入氧化剂，利用加热蒸汽保温半小时。待保温结束后，关闭反应釜搅拌器、反应釜循环泵后，利用反应釜内部余压，将物料压入脱泡槽；

（5）脱泡工段：进入脱泡槽的物料主要包括成品VAE乳液、未反应的乙烯气体和VAc（醋酸乙烯）。气相乙烯（含量在92％以上）、少量VAc（醋酸乙烯），乳液微滴经旋风汽液分离器分离后液相被送回脱泡槽，气体被送入尾气回收系统回收其中的乙烯或火炬焚烧；

（6）过滤、冷却工段：脱泡槽底的乳液经泵流入篮式过滤器过滤、冷却后送至成品贮罐；

（7）贮存和装罐工段：向成品贮罐加入缓冲剂、杀菌剂等。经分析合格后，成品VAE乳液用泵送到自动灌装站进行包装。

2. 新型工艺

近几年来，采用的高压环形反应装置和连续聚合工艺制备VAE的生产工艺技术，具有反应平稳、产品质量均匀稳定、反应器体积较小、反应安全性高和产率高等特点。主要工艺流程是：

（1）将PVA（聚乙烯醇）、乳化剂、还原剂和缓冲剂等溶解在水中制成水相，再通过柱塞泵连续注入环管中，开启循环泵并分别加入单体和引发剂，反应温度自动升至设定值（由冷却系统实现温度的自动控制）；

（2）通入设定压力的乙烯，根据不同品种VAE乳液胶的生产需要通过出口备压阀调节环管压力至相应值（一般为4MPa～9MPa）；

（3）通入乙烯半小时后，从环管出料口出来的物料即已完成聚合反应，达到稳定指标，然后再根据不同品种VAE乳液胶的反应情况进行相应的后处理或添加助剂；

（4）最终成品的残存单体含量可控制在0.5wt%以下。

二、淀粉类卷烟胶

现在工业上应用的淀粉类卷烟胶多为改性淀粉胶。淀粉改性一般在反应釜中进行，加工过程主要为：在反应釜中加入适量蒸馏水，加热控温在一定温度范围内（如50℃左右），启动搅拌，分批量地加入淀粉或蜡化淀粉（淀粉可以是玉米淀粉、木薯淀粉或红薯淀粉等）和少量氧化剂在适当pH值条件下搅拌均匀并进行氧化［也可在一定温度和酸碱度（如79℃～84℃，pH=4～6）条件下用a-淀粉酶降解］，一段时间（约1.5h）后加入一定量的糊化剂（如淀粉量10%的NaOH）进行糊化，糊化温度控制在一定温度范围内（如（50℃～60℃），糊化一定时间（如10min），然后加入小分子物质（如氯乙酸）进行接枝，一段时间（如0.5h）后加入磷酸类化合物调节pH值；再加入适量交联剂、改性剂、催干剂、消泡剂和防腐剂，反应一段时间（如60min～90min），降温即可制得改性淀粉卷烟胶。反应系统结构如图3-4所示，合成工艺流程如图3-5所示.

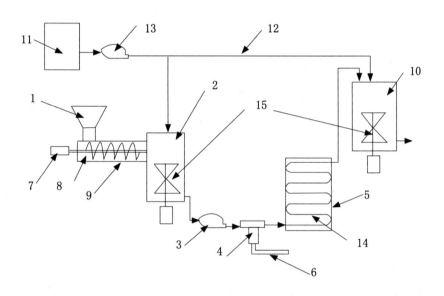

图3-4 反应系统结构示意图

1—进料斗；2—溶解槽；3—浆泵；4—喷射器；5—糊化器；6—蒸汽管路；7—电机；8—螺旋推送杆；9—壳体；10—存储槽；11—清水槽；12—管道；13—水泵；14—蛇形管；15—搅拌器

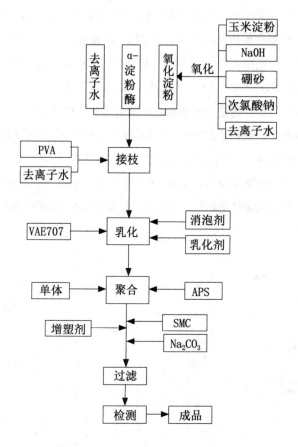

图 3-5　淀粉胶合成工艺示意图

（一）氧化剂及反应条件的影响

淀粉制作烟用黏合剂时，为了改善其性能、增加胶的稳定性、流动性以及固含量等，必须对淀粉进行氧化。常用的氧化剂有过氧化氢、漂白粉、次氯酸钠、过氧化钠和高锰酸钾等。可以选用次氯酸钠在碱性条件下氧化，用量少、效果好、不留残渣，且价格便宜，适于工业生产。

淀粉胶的性能和氧化条件有直接的关系，pH 值、氧化剂的量、氧化温度和时间对淀粉氧化均有影响。

在 pH 值小于 7.0 的酸性介质和 pH 值大于 7.0 的碱性介质中，淀粉通过糊化才具有黏性。淀粉可以进行热糊化和冷糊化：在高温下进行热糊化，醛基增加，颜色加深；在碱性条件下冷糊化不仅需大量碱，而且糊化颜色不理想。可以通过加入氧化剂降低淀粉的糊化温度：在 50℃～60℃ 的条件下，加入一定量的碱溶液促使淀粉糊化，可得到黄色或无色半透明胶体，糊化时间以上述现象出现为宜。次氯酸钠（NaClO）在偏碱性（pH 值在 8～10）条件下氧化效果较好。淀粉氧化过程中生成的醛基可以进一步氧化成羧基，醛基具有防腐性，羧基具有对纸张或底物的亲和性。随着 pH 值增大，生成的羧基数目增多，因此，制备淀粉胶时可适量提高体系的 pH 值。在碱性条件下，次氯酸钠用量过多，虽能加快氧化速度，但会引起淀粉氧化程度过深而导致淀粉链断裂过度，吡咯环开环，黏度降低，同时，由于淀粉胶液过稀，不利于助剂的添加，卷烟时不利于卷烟纸或接装纸等的粘接；次氯酸钠用量过少，淀粉大分子降解太少，淀粉无明显变化，以至于淀粉胶凝沉增快，稳定性降低，放置时胶易形成冻状而影响使用。次氯酸钠（有效氯 5.3% 左右）量为淀粉量的 60%～80% 为宜。

氧化温度过高，次氯酸钠易分解为氯酸盐，从而影响氧化效果，影响胶液黏度，并使氧化淀粉颜色加深，同时能耗增加；温度过低，氧化速度慢，影响氧化程度，延长生产周期，氧化温度以 50℃为宜。随着氧化过程中羧基的生成，体系 pH 值下降，氧化时间以 pH 值下降至稳定时为宜，大约 30min。

（二）交联剂的影响

交联可以增加淀粉黏合剂的黏性，使胶液颜色变浅。通常加入硼砂作为交联剂（也可选多聚磷酸钠），硼砂中两个 BO_2（平面三角）和两个 BO_4（四面体）相间的通过共用顶角氧原子连接成稳定的双六环。在交联的过程中，硼砂与淀粉发生缩合反应，形成网状结构，增加胶的黏性。硼砂又能水解成硼酸，具有防腐蚀作用，淀粉的多羟基与它也可合成稳定的配合物。当然，随着人们健康意识的增强，硼砂已作为禁用品，不能添加到食品中去，烟用胶粘剂可能参与燃烧或和口腔接触，硼砂应属禁用物质，可以用代用品进行替代，例如选用多聚磷酸钠等。

交联时加入适量的含磷化合物，降低胶体溶液的 pH 值。含磷化合物本身也起到交联作用，增加黏性，还能进行接枝反应，生成淀粉磷酸单酯，既具有良好的储藏稳定性，又增加了淀粉的初粘性。交联剂的用量为淀粉的 1.5%～3.0% 为宜，加入磷酸类化合物使 pH 值降到 7 左右。

（三）接枝剂的影响

单一的交联手段，既增加了淀粉胶的初粘度，又增加了黏度，但降低了胶液的流动性。通过接枝，在淀粉链上引入一些极性的侧基，增大了淀粉胶对粘接底物的亲和力，而对淀粉胶的流动性影响不大，稳定性提高。通常加入有机取代酸，进行羧甲基化反应，引入羧甲基，同时加入磷酸盐类，也能起到接枝、交联效果。

随着接枝剂／葡萄糖结构单元比增加，羧甲基化产物比例增加，取代度增加，淀粉胶的初粘度增大，考虑到成本及接枝剂酸性对体系的影响，投料比为 0.6 左右为宜。

（四）改性剂的影响

尿素能提高淀粉胶的韧性，使黏合剂形成稳定的胶膜，同时起到稀释剂的作用，调节淀粉胶的黏度，增加淀粉胶的流动性。尿素还可以提高淀粉和磷酸盐类的反应效果以及加快反应速度，获得黏度较高的最终产品。

随着吸烟与健康研究的不断深入，吸烟的安全性问题日益受到人们的重视。国家烟草专卖局对卷烟胶中苯、甲苯及二甲苯、邻苯二甲酸酯类、甲醛、乙酸乙烯酯的限量已严格控制，禁用硼砂，故卷烟胶的合成为适应这一要求，在不断地进行改进。

人们开始研究应用各种替代品来代替原有的禁用物质，人们选用不含苯、甲苯、二甲苯的醋酸乙烯；以过氧化氢和叔丁基过氧化氢为引发剂；以卡必醇酯代替邻苯二甲酸酯类为增塑剂；对烟用胶配方和生产工艺进行合理改进，可以确保烟用胶中 VAc 含量达标；采用丙烯酸接枝 VAE 乳胶，并与交联剂作用替代硼酸，也可用多聚磷酸钠代替硼砂作为交联剂，来制备绿色环保卷烟胶。

第二节　热熔型卷烟胶

热熔胶型卷烟胶，多属于 EVA 类热熔胶，由乙烯－乙酸乙烯酯共聚物、树脂、增粘树脂、蜡、抗氧剂等组成。热熔胶的制备在反应釜中进行，加工过程主要为：将反应釜加热到一定温度（如 100℃），并恒定温度，然后将 EVA、石油树脂、抗氧剂以及邻苯二甲酸二辛酯等辅料加入其中，大力搅拌，熔融完全并搅拌均匀后取出物料并冷却成型，即得热熔胶。或者将蜡、EVA 和增粘树脂按照 2：3：5 的比例，抗氧剂 1010 和 168 分别按 1：2 的比例准备原料，抗氧剂的用量是其他原料的 0.3%，先将蜡、EVA 和抗氧剂装入反应釜，大力搅拌，熔融完全后，再加入剩余物料，熔融完全并搅拌均匀后取出物料并冷却成型，即得热熔胶。

将 SBS（苯乙烯－丁二烯－苯乙烯嵌段共聚物，又称苯乙烯系热塑性弹性体）加入到 EVA 热熔胶中，其软化点随着 SBS 加入量的提高而逐渐增大，剥离强度随着 SBS 含量的提高，先增加后降低，SBS 的最大加入量为 25%。加入 SBS 能使热熔胶的拉伸性能得到了改善，拉伸强度随 SBS 含量的提高不断增加。在 EVA 热熔胶中加入适量的 SBS，粘接性能和力学性能都得到了较大提高。反应系统结构见图3-6。

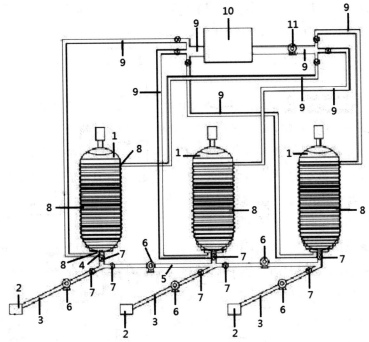

图 3-6　反应系统结构示意图

1—反应釜；2—过滤挤出机构；3—送料管；4—出料管；5—连接管道

6—加压泵；7—控制阀；8—加热管；9—供（回）油管；10—加热器；11—循环泵

一、EVA 热熔胶的组分及其作用

（一）EVA（乙烯－醋酸乙烯共聚物）

采用不同种类的EVA，所生产的热熔胶的柔韧性以及内聚强度等特性也存在一定差异。所以，在选择 EVA 的类型时，必须将熔融指数（MI）、熔点以及 VA（乙酸乙烯酯）含量作为最基本的参考要素。当 VA 含量一定时，熔融指数如果发生改变，就会导致 EVA 其他相关性能也出现变化。所以，在制备热熔胶时，可根据其性能要求选择相应 VA 含量、熔点以及熔融指数的 EVA 混合在一起。

（二）增粘树脂

增粘树脂是热熔胶中的重要组分之一。增粘树脂在热熔胶制备中的应用，在很大程度上增强了胶粘剂对被粘物的润湿性和结合力，进而促使其粘接强度的有效提升。增粘树脂的相对分子质量一般在 10 000 之内，其软化温度为 70℃到 150℃之间，通常包含有石油树脂、萜烯树脂、氧茚树脂以及松香及其衍生物四个种类。

（三）蜡

蜡是一种良好的黏度调节剂，其类型和使用量直接决定了 EVA 热熔胶的质量。蜡的种类非常多，主要包括石油蜡、合成蜡、植物蜡、动物蜡以及矿物蜡等。其中石油蜡和矿物蜡的熔点相对较低，而植物蜡和动物蜡含有很多双键，无法用在热熔胶内；热熔胶制备过程中使用的蜡多为合成蜡，合成蜡的种类也比较多，并且由于合成技术以及合成材料不同，其性能也存在一定差异。蜡对热熔胶有如下影响：

1. 蜡对热熔胶黏度和软化点的影响

黏度和软化点是热熔胶两大基本的性能指标。黏度表征热熔胶的流动性，热熔胶黏度越低，流动性越好，对基材的润湿能力也越强。热熔胶的黏度与组成热熔胶各组分分子量的大小紧密相关。一般蜡的分子量越大，在相同温度条件下的熔融黏度也越大。软化点表征热熔胶的耐热性能，一般热熔胶软化点越高，产品的耐热性能越好。热熔胶软化点的大小和蜡的软化点关系密切，蜡的软化点越高，热熔胶的软化点也越高。

2. 蜡对热熔胶抗拉强度和伸长率的影响

抗拉强度和断裂伸长率是 EVA 类热熔胶力学性能的主要指标。抗拉强度主要表征热熔胶的内聚强度，抗拉强度越大，破坏粘接基材的力越大。断裂伸长率主要表征 EVA 类热熔胶的柔韧性，在低温环境下，柔韧性能良好的热熔胶不易发生脆断。抗拉强度和断裂伸长率与环境温度密切相关，一定温度条件下，蜡对热熔胶的抗拉强度和断裂伸长率有重要影响。在实际的热熔胶研发当中，通常结合每款蜡的特点，对蜡进行互配，从而满足客户的使用要求

（四）抗氧剂和颜填料

普通聚烯烃所用抗氧剂都能在 EVA 热熔胶中使用，不过一般的配方内大都使用抗氧剂 246 或抗氧剂 1010。将颜填料添加到热熔胶中，能够有效降低热熔胶的固化收缩率及其制备成本，同时也能进一步丰富热熔胶的色彩，增强其填缝性。

（五）混炼温度对 EVA 热熔胶性能的影响

EVA 热熔胶的最佳混炼温度为 140℃。当混炼温度低于 140℃时，EVA 热熔胶黏合强

度随混炼温度增加而增加；当混炼温度高于 140℃时，EVA 热熔胶黏合强度随混炼温度增加而降低。

（六）混炼时间对 EVA 热熔胶性能的影响

EVA 热熔胶的最佳混炼时间为 20min。当混炼时间低于 20min 时，EVA 热熔胶黏合强度随混炼时间增加而增加；当混炼时间高于 20min 时，EVA 热熔胶黏合强度随混炼时间增加而趋于平稳。

（七）混料预热时间对 EVA 热熔胶性能的影响

EVA 热熔胶的最佳混料预热时间为 5min。当混料预热时间低于 5min 时，随着混料预热时间的增加，EVA 热熔胶黏合强度随混料预热时间增加而增加；当混料预热时间超过 5min 时，EVA 热熔胶黏合强度随混料预热时间增加而趋于平稳。

二、影响 EVA 热熔胶性能的因素分析

（一）影响 EVA 热熔胶黏度和流动性的因素

EVA 热熔胶的黏度与流动性在很大程度上决定了其施胶性能。在制备 EVA 热熔胶时，选用熔融指数较大的 EVA（乙烯 - 醋酸乙烯共聚物）以及熔体粘度较小的增粘树脂都能有效降低热熔胶的黏度，同时也可通过选用不同熔融指数的 EVA（乙烯 - 醋酸乙烯共聚物）来对胶液黏度进行合理调节。但在影响 EVA 热熔胶黏度和流动性的诸多因素中，蜡是最主要的影响因素，由于在 EVA 热熔胶中蜡的黏度最小，如果适当加大蜡的用量，就能有效降低 EVA 热熔胶的黏度，并相应增强其流动性。在实际制备 EVA 热熔胶的过程中，可尽量采用分子质量与黏度都比较小的蜡，以相应增加 EVA 热熔胶的流动性。

（二）影响 EVA 热熔胶粘接性的因素

粘接性是 EVA 热熔胶所应具有的最重要性能之一，对其粘接性产生影响的因素非常多，最主要的有如下两个方面：

1.EVA（乙烯 - 醋酸乙烯共聚物）在极大程度上决定了 EVA 热熔胶的粘接性，如果增加 EVA（乙烯 - 醋酸乙烯共聚物）中的 VA（乙酸乙烯酯）含量，EVA 热熔胶的粘接性就会加大增强，而 VA（乙酸乙烯酯）含量较高的 EVA 热熔胶常常用来对聚乙烯等无极性的非多孔材料进行粘接。

2. 增粘树脂与蜡通过自身的化学结构以及熔体粘度来影响 EVA 热熔胶的粘接性。EVA 热熔胶深入多孔材料的难度随着增粘树脂与蜡熔体粘度的降低而降低，进而产生机械结合。蜡的表面能相对较低，EVA 热熔胶的润湿度会随着蜡含量的增加而提升，进而增强 EVA 热溶胶的粘接性。由于微晶蜡热熔胶的模量相对较低，凝定时间比较长，所以可用于取代石蜡，以改善价键力造成的粘附问题。

对于极性材料，使用带有极性基团的蜡能够有效增强 EVA 热熔胶的粘接性。热熔胶的粘接性还与胶体系相容性有密切关系。例如，蜡与 EVA（乙烯－醋酸乙烯共聚物），蜡和 VA（乙酸乙烯酯）含量 23% 左右的 EVA（乙烯－醋酸乙烯共聚物）相容性最好，极易生成共结晶，粘接性也非常强。如果 EVA（乙烯－醋酸乙烯共聚物）中 VA（乙酸乙烯酯）含量在 10% 之下时，EVA（乙烯－醋酸乙烯共聚物）比蜡的结晶时间要早，变成了蜡的填料，这种情况下的热熔胶的粘接性就很不理想。

（三）影响 EVA 热熔胶拉伸强度和模量的因素

VA（乙酸乙烯酯）含量与熔融指数（MI）的不同，EVA（乙烯－醋酸乙烯共聚物）强度也存在较大差异。一般情况下，熔融指数（MI）相对较小的 EVA（乙烯－醋酸乙烯共聚物）强度就比较高，在此基础上制备成的热熔胶强度也相对较高。与此同时，在一定相容性范围内，蜡能够在一定程度上促使热熔胶强度与模量的加大，而如果存在不相容的情况，则会相应增强胶的刚性，而难以提升其强度。通常情况下，可利用正烷烃含量高的高结晶蜡来提升 EVA 热熔胶的拉伸强度与模量。

（四）影响 EVA 热熔胶延伸率和柔韧性的因素

EVA 热熔胶的柔韧性在很大程度上取决于其 EVA（乙烯－醋酸乙烯共聚物）分子质量，热熔胶柔韧性与熔融指数（MI）呈正相关。同时，蜡也在很大程度上影响到 EVA 热熔胶的柔韧性。相比于石蜡，微晶蜡的柔韧性更强，而窄分布合成蜡与 EVA（乙烯－醋酸乙烯共聚物）的乙烯链段更为相容，所以，采用微晶蜡取代石蜡，或采用窄分布合成蜡取代一般合成蜡，能够有效增强 EVA 热熔胶的柔韧性。

微晶蜡结构中的环化烷烃含量比较高，由其制备成的 EVA 热熔胶的延伸率也相对较高。在书籍装订以及冰箱包装过程中，对 EVA 热熔胶的延伸率与柔韧性都要求较高，所以，该类 EVA 热熔胶的制备材料中常用微晶蜡。

（五）影响 EVA 热熔胶玻璃化温度的因素

EVA 热熔胶的玻璃化温度对其低温性能有直接影响，在玻璃化温度以下范围内，热熔胶比较脆弱，在受到一定外力作用时极易发生断裂。EVA 热熔胶中的 EVA（乙烯－醋酸乙烯共聚物）玻璃化温度比较低，而增粘树脂和蜡的玻璃化温度则相对较高。根据相关理论可知，在组分相容情况下，混合体系的玻璃化温度就在组分高低玻璃化温度范围内，取决于混合体系的混合比。在组分不相容情况下，就会有几个不同的玻璃化温度出现。EVA 热熔胶也不例外，聚乙烯蜡与 EVA（乙烯－醋酸乙烯共聚物）不易相容，而石蜡以及微晶蜡等与 EVA（乙烯－醋酸乙烯共聚物）容易相容。在热熔胶中添加一定的软微晶蜡能够少量提升热熔胶的玻璃化温度，而高熔点合成蜡会在很大程度上提升 EVA 热熔胶的玻璃化温度。

（六）影响 EVA 热熔胶开放时间的因素

EVA 热熔胶开放时间是指在施胶后，不会由于凝定或结晶丧失润湿能力而依然可以使用的时间间隔。EVA 热熔胶的开放时间一般以秒为单位。从增粘树脂体系方面来讲，蜡的加入通常会促使开放时间减少，其影响程度因蜡的性质不同而有所变化。通常情况下，蜡用量越大，熔点越高，结晶度越大，EVA 热熔胶的开放时间就会变得越短。不同功能要求的 EVA 热熔胶的开放时间也存在一定差异。例如，工艺品所用 EVA 热熔胶的开放时间相对较长，这样能够为手工操作和调整提供足够时间。而高速纸板密封所用热熔胶的开放时间则相对较短，这对缩短工期有很大帮助。

三、热熔胶的性能调节

（一）粘接性

粘接性是热熔胶最重要的性能之一，影响因素也最多。首先，EVA 是热熔胶粘接性能的主要决定者。如前所述，当 EVA 中 VA 含量增加时，热熔胶的粘接性大大提高，高 VA 含量的 EVA 可用来粘接无极性的非多孔材料，例如聚乙烯和聚丙烯膜。其次，增粘树脂和蜡对粘接性的影响主要取决于它们的熔体粘度和化学结构。黏度越低，热熔胶越容易渗入多孔基材，从而形成机械结合。蜡的表面能低，当蜡量增加时，热熔胶的润湿性提高，可增加粘接性。用微晶蜡代替石蜡可改进价键力引起的粘附，这是因为微晶蜡热熔胶的模量低，凝定时间长的缘故。

对于极性基材，采用有极性基团的蜡（如羟基蜡或天然蜡）可提高粘接性。热熔胶的粘接性受整个胶体系相容性的影响。以蜡和 EVA 为例，蜡与 VA 含量在 18% ～ 28% 的 EVA 相容性最佳，容易形成共结晶，粘接性很好，但当 VA 含量低于 9% 时，EVA 先于蜡结晶，成了蜡的填料，胶的黏合性很差。

（二）黏度和流动性

热熔胶的黏度和流动性与施胶性能密切相关。选择 MI（熔融指数）大的 EVA，熔体粘度小的增粘树脂都可以使热熔胶黏度下降，还可选择 MI 高低不同的 EVA 配合使用来调节热熔胶的黏度。但是，影响最大的还是蜡，因为蜡是热熔胶中黏度最小的成分，增加蜡的用量，可以显著降低热熔胶的黏度，增加其流动性，尽可能选用黏度小、分子质量小的蜡，这样可以增加 EVA 用量或采用低 MI 的 EVA。

粘接多孔材料（纸板、瓦楞板）时，一般来说热熔胶的黏度越小越好。黏度太大，可能在胶未充分渗透基材时已固结，致使粘接不好；黏度太低又可能造成胶过度渗入多孔基材，从而产生缺胶现象，这在机械化定量施胶的包装中特别要引起注意。

总之，热熔胶的黏度主要由蜡的种类、用量和 EVA 的 MI（熔融指数）来调节。蜡的熔点和热熔胶的软化点高低与热熔胶的黏度并无对应关系。

（三）拉伸强度和模量

从表 3-1 可知，EVA 的强度随其 VA 含量和 MI（或分子质量）不同有很大的变化。通常 MI 较小的 EVA 强度高，制成的热熔胶强度也大。

此外，在相容性允许的情况下蜡能使热熔胶强度和模量增加，若不相容则会使胶的刚性增大对提高强度无益。采用正烷烃含量高的高结晶蜡或高熔点蜡，会使热熔胶的拉伸强度和模量提高。

表 3-1　UL 系列 EVA 的性能

性能	单位	UL 15019	UL 53019	UL 00328	UL 00728	UL 02528	UL 04028	UL 15028	UL 40028	UL 12530	UL 02133	UL 04533	UL 05540
VA 含量	%	19	19	27	27.5	27.5	27.5	27.5	28	30	33	33	39
MI, 190℃	g.(10min)$^{-1}$	150	530	3	7	25	40	145	400	125	21	45	60
断裂强度	MPa	5.15	2.85	22	19	8.25	5.9	2.95	1.95	3.85	5.25	6.8	>5.85
断裂伸长率	%	680	700	750	800	750	750	500	320	820	830	900	>1 000
硬度	Shore A	86	84	82	80	75	76	69	68	73	72	67	55
环球法软化点	℃	102	87	165	140	127	110	89	82	101	100	116	100
黏度*, 121℃	mPa·s	31	20	95	65	42	38	30	19	25	40	32	–

注：黏度是指 90% 石蜡和 10%EVA 混合后的黏度

（四）延伸率和柔韧性

EVA 的分子质量直接影响胶的柔韧性，MI 越小，柔韧性越小。以 VA 含量为 28％ 的 EVA 为例，熔体指数 MI 与弹性模量的关系见表 3-2。

表 3-2　EVA(VA 含量 28％) 的 MI 对柔性的影响

MI/g · (10 min)−1	弹性模量 / MPa		
	−20 ℃	23 ℃	49 ℃
3	85.5	15.9	9.7
6	82.7	13.8	8.3
25	78.6	10.3	6.9
43	62.1	9.0	—

蜡对热熔胶的柔韧性也有很大影响。用微晶蜡代替石蜡，或用窄分布的合成蜡代替普通合成蜡，可以增加热熔胶的柔韧性，这是因为微晶蜡比石蜡有更好的柔韧性，而窄分布合成蜡更易与 EVA 中的乙烯链段相容之故。另外，松香酯和萜烯树脂增粘剂极性越大，与高 VA 含量的 EVA 相容性也越好，这样也可提高热熔胶的室温柔韧性。

蜡分子中的异构及环化烷烃量高，制成的热熔胶延伸率大。几种石油蜡的异构和环化情况见表 3-3。

表 3-3　几种石油蜡的结构

类型	正烷烃 /%	异构及环化烷烃 /%	碳原子数
石蜡	87	13	18 ～ 40
中等蜡	60	40	20 ～ 60
高熔微晶蜡	30	70	30 ～ 80
塑性微晶蜡	10	90	30 ～ 80

书籍装订用热熔胶要求延伸率高达 500% ～ 600%，冰箱包装用胶也要求有较好的柔韧性，因而配方中多采用微晶蜡。

（五）玻璃化温度 Tg

热熔胶的 Tg 直接关系到胶的低温性能，在 Tg 以下，胶脆，受冲击或弯曲时容易断裂。热熔胶中 EVA 的 Tg 较低，但增粘树脂和蜡的 Tg 一般较高。

由高聚物物理学可知：若组分相容，混合体系的 Tg 处于组分高低 Tg 之间，由混合比决定；若体系不相容，则会出现几个 Tg。

热熔胶也是如此，高分子质量的聚乙烯蜡与 EVA 的相容性往往不好，而窄分布的合成蜡、石蜡和微晶蜡与 EVA 相容。微晶蜡的加入会使热熔胶的 Tg 稍稍上升，而高熔点的合成蜡使热熔胶 Tg 上升较大。要想使热熔胶的 Tg 较低，还应尽量采用 Tg 低的增粘树脂。

（六）开放时间

开放时间指的是施胶后不会因凝定或结晶矢去润湿能力仍能使用的时间间隔。热熔胶的开放时间常以秒计。

对聚合物增粘树脂体系而言，蜡的加入总是会缩短开放时间，影响程度随蜡的性质而变。一般来说，蜡用量越大，熔点越高，结晶度越大，则使热熔胶开放时间越短。

不同用途的热熔胶要求有不同的开放时间。如工艺品用胶开放时间要长些，以便于手工操作和调整，而高速纸板密封胶则开放时间很短，这样有利于缩短工期。

（七）凝定时间

凝定时间即胶的定位时间，与热熔胶的熔点、环境温度有关。冬季气温低，散热快，凝定时间短。配方设计中可用蜡来调节凝定时间，高结晶度、高熔点蜡可缩短凝定时间，而微晶蜡则会延长凝定时间。

（八）未固化强度和初粘性

胶未固化前的粘接强度直接影响到施胶后的加压时间，从而也影响到粘接工艺。未固化强度与胶的极性、润湿性有关，选取内聚强度和抗张强度高的组分有利于提高胶的未固化强度。蜡的类型和用量对未固化强度也有很大影响。

（九）耐热性

与组分的熔点和分子质量分布有关。用高熔点组分制成的热熔胶耐热性高，而蜡的加入常常降低耐热性。

（十）抗粘连性

热熔胶胶粒的抗粘连性对胶的贮存有直接关系。抗粘连性差的胶高温高湿下贮存易结块。用较硬的蜡可防止胶粒粘连，如聚乙烯蜡。除了选择合适的蜡外，蜡的用量也可控制粘连。此外，在某些场合下还可在胶粒中拌入滑石粉一类的粉状物防粘连。

（十一）再制纸浆性

对包装纸板来说，热熔胶的再制纸浆性直接影响到纸板的回收利用。采用两种方法便于胶从纸浆中分离：一是使热熔胶的密度降低，通常低于 $0.98\,\mathrm{g/cm^3}$，制纸浆时用过滤或离心法分离；二是采用酰胺蜡、羟基蜡等高极性蜡，或选用亲水的聚合物和增粘树脂使热熔胶具有水溶性或水分散性，这样在制浆时可与纸浆分离。

EVA 热熔胶成分不多，配方及制作工艺也不复杂，然而要得到一个满足一定要求的好配方并非易事。配方工作者应针对具体的应用要求，在充分了解各种成分对热熔胶性能影响及变化规律的基础上，综合考虑选择最适宜的组分及用量，使得热熔胶各方面性能达到良好平衡，才能得到一个实用的热熔胶。

第四章 卷烟胶的发展概况

卷烟胶，泛指在卷烟生产过程中用于烟支卷制、烟支滤嘴接装、卷烟小盒及条盒包装、烟箱封装以及在滤棒生产过程中的用胶。卷烟胶的发展是随着卷烟机车速的变化而发展的，为适应卷烟机的卷制需求，卷烟胶经历了从低速淀粉胶到高速合成胶的发展历程。本章简要介绍卷烟胶发展历程，不同时期的卷烟胶的类型、品种，同时对卷烟胶未来发展趋势进行了展望。

第一节 水基型卷烟胶的发展

我国是卷烟生产和消费大国，卷烟胶耗用量居世界第一。卷烟工业所用的胶粘剂是随着卷烟机车速的发展而发展的，卷烟机生产速度从当初的每分钟一两千支，提高到现在的每分钟两万支，卷烟胶也随之经历了淀粉胶、糊精胶、羧甲基纤维素（CMC）、以醋酸乙烯均聚乳液调配的水基胶到现在普遍使用的以醋酸乙烯 - 乙烯共聚乳液（VAE）调配的胶粘剂的过程。

国内卷烟胶的研制与开发始于 20 世纪 70 年代，当时国内生产设备简陋，卷烟机车速较低，对卷烟胶质量要求不高，一般的淀粉胶及其衍生物即可满足卷烟生产粘接需求。

随着卷烟技术的发展，传统的淀粉胶及其衍生物因为固含量和初粘力低，流动性、耐水性差已经不能满足工业生产的需求。自 20 世纪 80 年代起，一些卷接速度较快的卷接机组纷纷引入国内，主要机型有 MOLINS PA-9、长城 9.5、Loga 等；相对接的包装机组也已大量引进，其速度可达 400 ~ 600 包 / 分钟，主要机型有 GTX-1、GTX-2、FOCKE、HLP 等。在引进卷接机组和包装机组初期，不得不配套引进卷烟用系列胶粘剂，当时引进的卷烟胶大部分为聚乙酸乙烯酯（PVAc）均聚乳液类胶（俗称白胶）。进口卷烟胶满足了当时新引进设备的运行要求，且质量较好，但价格相对昂贵。国内一些黏合剂生产厂家此时发现了卷烟行业对烟用胶的潜在需求，开始生产专用于卷烟行业的胶粘剂，由此国内才形成了卷烟胶这一专用黏合剂品种。此时国内开发生产的卷烟胶主要是以乙酸乙烯酯（PVAc）均聚乳液为基体的烟用胶粘剂，该烟用胶粘剂较好地解决了当时卷烟设备的用胶需求，使用后设备可以达到较高的运行速度，该烟用胶粘剂也对包装材料有较好的适应性。

20 世纪 90 年代开始，我国引进了更高车速的卷接及包装设备，包括 PROTOS 70、PROTOS 80、PROTOS 90E 和 PROTOS 2-2、PASSIM 7000 和 PASSIM 8000、GD 121 等机型，包装设备包括 GDX1 和 GDX2、FOCKE 350 和 FOCKE 700 等。卷接和包装速度进一步提升，对卷烟胶提出了更高的要求，卷接机组车速越高要求卷烟胶的初粘性越优异、干燥速度越快，如何提高其初粘性和干燥速度是当时卷烟胶加工的技术难题。由于乙酸乙烯酯（PVAc）均聚乳液成膜温度较高，所成的胶膜也比较硬且脆，对复杂印刷的包装材料粘接能力较差，为解决这些问题，国外在此期间已开始使用以乙酸乙烯酯 - 乙烯共聚乳液（即 VAE 或 EVA 乳液）为基础的卷烟胶。我国是在 20 世纪 80 年代末期开始生产乙酸乙烯酯 - 乙烯共聚乳液（VAE）的，这为生产更高粘接速度和安全性的烟用胶粘剂奠定了原料基础。其中，北京有机化工厂和四川维尼纶厂先后从美国引进了年产量 1.5 万吨的乙酸乙烯酯 - 乙烯共聚乳液（VAE）生产装置，为国内卷烟系列胶的生产提供了急需的加工设备。乙酸乙烯酯 - 乙烯共聚乳液（VAE）是在乙酸乙烯酯（VA）分子内部引入了乙烯基，由于乙烯基的引入，使其本身具有了永久的内增塑性能，降低了成膜温度，且所成的胶膜韧性较好。乙酸乙烯酯 - 乙烯共聚乳液（VAE）克服了均聚乳液的缺点，以它为原料的胶粘剂特别适用于高速卷烟机的生产。目前国内外用于高速卷烟机的胶粘剂大多是以乙酸乙烯酯 - 乙烯共聚乳液（VAE）为基础进行调配或改性的胶粘剂。

2000 年以后，部分高速卷烟机开始国产化，常德烟草机械有限责任公司消化吸收德国 HAUNI 公司 PROTOS-70 技术，国产化为 ZJ17（7 000 支 / 分）卷接机组，消化吸收 PROTOS-90E 技术，国产化为 ZJ112（10 000 支 / 分）卷接机组，消化吸收 PROTOS 2-2，国产化为 ZJ116（16 000 支 / 分）卷接机组。近年来，结合 PROTOS-M5 和 PROTOS 2-2 等卷接机组各自的技术优点，该公司自主研制了 ZJ118（8 000 支 / 分）和 ZJ119（12 000 支 / 分）卷接机组。随着国内卷烟企业卷接包装设备的机速普遍提高，以乙酸乙烯酯 - 乙烯共聚乳液（VAE）为基础的卷烟胶使用范围越来越广。

近几年，随着国内开始引进安装 HAUNI 公司的 PROTOS M5、PROTOS M8 卷接机组，设备运行速度更快，运行速度达到 16 000 支 / 分和 20 000 支 / 分，对接的包装设备有 GDX-6 和 GDX6S、H1000、FOCKE FX II 和 FOCKE F8 等。PROTOS M5 和 PROTOS M8 卷接机组在接嘴胶涂胶方式上进行了革新，不同于常规的辊涂上胶方式，该设备为喷涂上胶方式。此种上胶方式对接嘴胶的流变性能、初粘性和材料适应性等性能提出了更高的要求。与 PROTOS M5 和 PROTOS M8 配套的包装设备，其涂胶方式也进行了变革，设备同时具备辊涂和喷涂两种上胶方式。应用于此系列设备的卷烟胶国外企业研制开发较早，目前已有相对成熟的产品，而在国内掌握相关配方技术的企业还较少。近年来，卷烟胶技术发展较快，国内所有机型的卷烟胶已全部实现国产化。

卷烟胶的发展一直是伴随着卷烟设备的发展而逐步发展起来的。在这个发展过程中，国内卷烟胶对新设备的适应往往要滞后些，这主要是因为：先进的卷烟设备都是从国外进口的，国外的设备制造商在开发一种新设备时，涂胶系统一旦确定，国外的卷烟胶制造商就参与到新的配套胶水的开发，当新的设备开发出来后，配套的胶就已经开发出来了。国内的卷烟胶制造商只有在新的卷烟机在国内开始安装时才接触到新机器，这就造成了国内的配套胶开发滞后，从而造成了新机器在国内安装时一般都是用国外品牌的胶水调试。目前卷烟企业所使用的卷烟胶绝大部分是国内品牌的卷烟胶。

卷烟胶在卷烟辅料中所占的比重很小，以前往往不被卷烟企业重视。随着烟草行业近些年来对卷烟辅料安全性的重视与逐渐的规范，卷烟胶的生产也从原来的粗放管理到现在的逐步规范。

经过多方面的调研，国家烟草专卖局 2004 年发布了第一个卷烟胶行业标准 YC/T 188-2004《高速卷烟胶》，对卷烟胶的常规指标进行了规范，同时该标准对乙酸乙烯酯（VA）、重金属和砷也进行了限量。2008 年又发布了卷烟胶中残存单体乙酸乙烯酯（VA）的检测方法——YC/T 267-2008《烟用白乳胶中乙酸乙烯酯的测定 顶空－气相色谱法》。

从 2007 年开始，郑州烟草研究院标准化中心对卷烟胶中的可挥发性与半挥发性成分进行了调研，包括甲醛、苯及苯系物和邻苯二甲酸酯类（PAEs），这三类物质是公认的能对人的健康及环境带来危害的物质。根据对挥发性与半挥发性成分的调研，2011 年中国烟草总公司发布了以上三类物质的检测方法和内控限量标准 YQ 5-2011《烟用水基胶挥发性与半挥发性成分限量》，包括对乙酸乙烯酯（VA）、甲醛、苯、甲苯、二甲苯和邻苯二甲酸酯（PAEs）类进行限量。其中卷烟胶中残存单体乙酸乙烯酯（VA）的限量为 400 ppm。残余单体含量从 2004 年至 2011 年七年间，由 5 000 ppm 降至 400 ppm，目前，大部分中烟公司对卷烟胶中残存单体乙酸乙烯酯（VA）含量限制为 300 ppm 以下，甚至个别中烟公司要求残存单体为 100 ppm 以下，可见要求越来越严格。

2012 年，中国烟草总公司又发布了 YQ 15-2012《卷烟材料许可使用物质名录》，对卷烟用材料生产过程中所使用的材料进行了规范，其中卷烟胶部分是 YQ 15.5-2012，该标准规定了卷烟胶在生产中可以使用的物质及用量要求，此表之外的物质不允许添加。该标准最大的亮点是不允许卷烟胶在生产过程中使用硼酸，对卷烟胶生产企业影响较大。硼酸的毒性较小，被人体吸收后可发生慢性中毒，容易在体内积累，但硼酸作为一种交联剂在卷烟胶里面起到很重要的作用，能提高胶的初粘性，同时，对印刷复杂的材料也能有很好的适应性；去掉硼酸后，卷烟胶生产企业只能通过调整配方，使性能接近于硼酸胶的性能，但不能完全达到。起初，在一些高速卷接包装机组、难粘接材料的粘接和机器清洁运行方面，无硼酸卷烟胶遇到一些挑战，但是通过近两年卷烟胶生产企业的技术攻关，无硼酸胶已经能够适应烟草行业的粘接要求。

第二节　热熔型卷烟胶的发展

热熔胶粘剂（简称热熔胶）通常是指在常温下呈固态，加热熔融成液态，涂布、润湿被粘物后，经压合、冷却，在较短时间（如几秒）内完成粘接的胶粘剂。在烟草行业中热熔胶的应用主要包含两个方面：一是滤棒成型过程中成形纸搭口粘接的应用，随着滤棒成型机的发展，从 KDF 系列的 KDF1 到 KDF4，滤棒生产速度越来越快，同时随着复合滤棒以及高透气度滤棒的大量使用，对滤棒热熔胶的要求越来越高；二是在包装方面的应用，以往卷烟小盒、条盒包装使用普通的烟用水基胶就可以满足包装粘贴的需求，而如今随着高速包装机的应用，加上新型包装材料的不断引入，就需要粘接更快速、粘接力更强的包装胶，而热熔胶相对于水基胶来说，其粘接速度快，又能适应不易渗透的材质，对一些高速包装机和一些较难粘接的材料，热熔胶就成了首选。

20 世纪 60 年代 EVA、SBS 等相继出现，热熔胶行业才从美国开始蓬勃兴起。由于热熔胶具有环保、安全、固化快、适合自动化生产等突出优点，在过去的几十年里，热熔胶一直是增长最快的胶粘剂品种之一。在美国、欧洲、日本等发达国家，热熔胶在多个行业得到快速发展。

中国热熔胶行业是从 1985 年起步的。1985 年至 1994 年是中国热熔胶的启动时期。一批热熔胶先驱者开始研制热熔胶，但是生产规模小、发展慢。1995 年至 2004 年，中国热熔胶进入了高速发展阶段，各行业应用都出现了井喷式的发展。21 世纪以来，热熔胶技术逐步走向成熟。

国内卷烟用热熔胶技术起步更晚，早期的黏合剂为水解淀粉，20 世纪 60 年代后期，滤棒成型时才开始使用热溶胶，烟用热溶胶才开始在国内使用，这时所使用的热溶胶多为聚氨酯热溶胶。自 20 世纪 80 年代起，一些卷接速度较快的卷接机组纷纷引入国内，主要机型有 MOLINS PA-9、长城 9.5、Loga 等，同时，一些高速滤棒成型机开始引进国内，国内开始大量生产滤嘴卷烟，滤棒卷制的热溶胶不得不配套引进，当时引进的热熔胶为 EVA 热熔胶。进口热溶胶满足了当时新引进设备的运行要求，且质量较好，但价格相对昂贵。国内一些黏合剂生产厂家此时发现了卷烟行业对烟用胶的潜在需求，开始研发、生产专用于卷烟行业的热溶胶。此时国内开发生产的热熔胶主要是以 EVA 热熔胶为主，该烟用胶粘剂较好地解决了当时滤棒生产设备热熔胶的用胶需求，使用后设备可以达到较高的运行速度。EVA 热熔胶以其优异的使用性能，满足了后来滤棒成型机不断提速后的需求，一直沿用至今。

热熔型胶粘剂最大的优点在于：其粘接速度非常快，适用于生产中需在很短时间内即能充分达到粘接效果的材质粘接；不论多孔性或无孔性的材料皆可用热熔胶黏合；在适当的贮存条件下，保质期较长。缺点是需要高温状态下熔融，不适用于粘接不耐高温的材料。

第三节 卷烟胶未来发展趋势

目前卷烟水基胶绝大部分为乙烯－乙酸乙烯酯共聚乳液（VAE）和乙酸乙烯酯均聚乳液（PVAc）为基体的材料，两种乳液都为化工合成产品。卷烟胶的成分除以上两种基体乳液外，还有一些其他成分。卷烟胶里的各种成分中，除自身含有的微量 VOC 对人体直接有害外，由于卷烟搭口胶直接参与烟支燃烧，吸食过程中，在燃烧的温度条件下，还会裂解释放出微量有害气体，对人们的身体健康带来潜在的危害，而且还会对卷烟感官质量产生影响。随着人们健康安全意识的增强，对卷烟胶安全性能的要求标准越来越高，卷烟生产用胶正逐步向更安全、更环保和更高性能的方向发展。

水基型卷烟胶要求胶质细、流动性好，同时还应无毒、无味、无污染以保证卷烟的品质和人们的吸食安全性需求，现有的乳液胶已经不能同时满足这些需求。近年来，综合以上所述的原因，由于淀粉胶的安全性较高，而且在烟草行业有较长的应用历史，其再次进入了人们的视线。淀粉为天然的绿色产品，是应用广泛的可再生天然高分子材料，对人体无害。传统的淀粉胶由于初粘性差、粘接速度不够、粘接强度低、流动性差、干燥时间长，不能满足高速卷烟机的粘接要求。随着技术的发展和革新，通过对淀粉糊化后进行物理化学改性，可以使淀粉胶粘剂的干燥速度和初粘性得到提高，以满足高速卷接包装机组的使用要求。现在很多卷烟胶生产厂家都在进行这方面的研究，有些厂家已取得了很好的研究成果。

热熔胶在这些年里，也有了新的发展，尤其是对于烟用热熔胶，现在正向着低温环保的方向发展，产品的使用温度越来越低，粘接强度越来越高，能耗更低，更加环保。

一、可生物降解型热熔胶

近年来，基于环保的需求，可生物降解热熔胶应运而生，特别是包装材料如纸张及滤棒等材料对可生物降解热熔胶的要求都十分迫切。目前，可生物降解热熔胶主要是采用聚丙交酯（聚乳酸）、聚己内酯、聚酯酰胺、聚羟基丁酸／戊酸酯等聚酯类聚合物和天然高分子化合物等作为基体树脂，辅以适当增粘剂、增塑剂、抗氧剂、填料等成分组成。

生物降解是指有机化学品在生物所分泌的各种酶的催化作用下，通过氧化、还原、水解、脱氢、脱卤等一系列化学反应，使复杂的、高分子量的有机化合物转化为简单的有机物的过程。可生物降解热熔胶主要是聚酯类树脂，它通过微生物的活动使有机物达到分解稳定。按降解程度可分为初步降解、环境可接受的降解和最终降解等三步。

聚丙交酯（PLA）又称聚乳酸，是一种热塑性聚合物，它在湿气中无光条件下即可发生水解，在微生物和酶作用下进一步分解为 CO_2 和 H_2O，是一种环境友好材料，也是目前可生物降解热熔胶中研究最多的一种材料。聚酯酰胺热熔胶集聚酯和聚酰胺二者优点于一身，聚合物中的酯键和酰胺键可在酸碱催化下水解，然后在微生物、酶催化下进行降解。聚羟基烷酸酯是一类存在于微生物细胞内的生物高分子，具有生物活性和生物降解性，可作为生物降解热熔胶的基体树脂。利用天然高分子合成的热熔胶的研究越来越多，许多天然高分子如木质素、淀粉、树皮等，其中淀粉不仅具有完全的生物可降解性，而且作为天然可再生资源，其品种繁多，来源丰富，价格低廉，因此在可生物降解热熔胶的研制过程中采用的最多。

可生物降解热熔胶拥有很好的应用前景，且是今后热熔胶发展的主要方向。但目前国内外所报道的可生物降解热熔胶存在稳定性较差、粘接强度有待进一步提高等缺点，达不到产业化的要求。随着人们环保意识的增强，可降解生物热熔胶有着巨大的潜在市场，今后的工作可以从以下几个方面入手：

（1）对可生物降解热熔胶进行改性，提高其可加工型、使用稳定性和粘接强度；

（2）寻找、合成适当的可生物降解的基料，使热熔胶具有可接受的成本；

（3）研究与其配套的一些助剂，以提高热熔胶的可降解性和环保性；

（4）赋予可生物降解热熔胶功能性，通过选择具有功能性的基料或添加具有功能性的填料，使热熔胶具有压敏、导电、导热、导磁、耐高温、耐低温、光敏及特殊条件下使用等功能，进一步扩大可降解生物热熔胶的应用范围；

（5）分析可生物降解热熔胶的降解机理和降解影响因素，通过分子设计调控分子结构，实现降解的可控制性。

二、低温型热熔胶

低温型热熔胶突破了一般传统型热熔胶的使用极限。其正常操作温度仅为110℃~130℃，而在此之前，热熔胶的正常使用温度在160℃左右，低温热熔胶比传统热熔胶的使用温度低了30℃以上。低温型热熔胶和传统型热熔胶相比明显具有较低的黏度值，保证在低温操作条件下满足各项涂布工艺要求。

低温热熔胶所带来的直接好处是节省电能和机器维修保养费用。大量实际应用显示，同样的热熔胶机，使用低温热熔胶可为客户节省约15％的电费。而由于低温热熔胶在其110℃~130℃的正常操作温度下几乎完全没有结皮、积碳等老化现象，使得机器的维修保养费用大大降低。此外，低温热熔胶还具有低气味、粘接强度高的特点。一方面，较低的挥发物气味可以提高产品质量；另一方面，如果配方得当，热熔胶低温操作并不牺牲热熔胶的粘接强度，因而保证了低温型热熔胶的使用性能。

第五章 卷烟搭口胶

卷烟搭口胶应用于烟支纵向接口处，是卷烟工业中最重要的胶粘剂，要求具有优异的粘接强度，初粘性、流动性好，颜色为白色，且无毒、无异味。搭口胶的质量和施胶量决定着烟支卷制的美观程度、原材料的消耗和设备有效作业率，而且卷烟搭口胶直接参与烟支燃烧，对卷烟的安全性、内在质量及质量的稳定性产生重要影响，因此，弄清楚搭口胶的应用现状和发展趋势、卷烟搭口胶施胶量的测定、搭口胶对卷烟质量的影响以及卷烟搭口胶施胶量的调控十分重要。本章将重点对其进行介绍。

第一节 应用现状及发展趋势

我国的卷烟搭口胶是在聚乙酸乙烯酯（PVAc）乳液的基础上发展起来的。目前国内已研制出的卷烟搭口胶主要是乳液胶，除了 PVAc 乳液，还有醋酸乙烯－乙烯共聚乳液（VAE），现在应用最广泛的是醋酸乙烯－乙烯共聚乳液（VAE）及其改性产品。这两种乳液胶的价格较高，安全性低，燃烧时释放出的气体潜在地影响烟支的安全性、品质和口感。为此，使用天然淀粉制备卷烟胶粘剂已成为研究热点。

一、PVAc 乳液卷烟用胶

聚乙酸乙烯酯（PVAc）乳液（白乳胶）合成工艺简单，以醋酸乙烯为主单体，以聚乙烯醇（PVA）为保护胶体，以水为分散介质，经乳液聚合而成。PVAc 乳液具有无味、使用方便、节省资源等特点。

单组分的 PVAc 乳液在卷烟工业应用中存在一定的缺陷，如耐水性、耐寒性、稳定性差等。同时，由于它玻璃化温度较高，初粘性低，干燥后烟支外观和手感不好，而不能适用于高速卷烟机。为了提高其性能，人们对其进行了改性，改性后的乳液胶性能虽然有所提高，但是成本也随之提高。

二、VAE 乳液卷烟用胶

醋酸乙烯－乙烯（VAE）共聚乳液是目前烟草行业最主要、最通用的卷烟用搭口胶。

与 PVAc 乳液相比，VAE 乳液具有更好的粘接强度，其固化速度更快，耐碱性、耐久性更好。

近年来，随着卷烟机车速的提升，卷烟工业对卷烟胶的性能有了更高的要求。虽然 VAE 乳液的性能良好，但是其胶膜的耐水性低，耐溶剂性和耐酸碱性不太理想。因此现在大多数的卷烟用搭口胶都是以 VAE 为基质，再做进一步的改性处理得到性能优异的高速卷烟胶。

卷烟搭口胶直接参与燃烧，当达到一定温度时，挥发物、裂解产物与主流烟气会一同吸入人体，对人体健康存在潜在危害。随着经济的发展、科学技术和社会的进步，人们对健康问题日益关注，对卷烟燃烧时释放的成分进行分析、检测和限定，而且对卷烟烟气成分的规定也越来越严格。因此烟草企业不得不寻找一种天然的黏合剂来代替人工合成的黏合剂，淀粉正是一种合适的替代品。

三、改性淀粉卷烟用胶

淀粉由于其纯天然的特性，燃烧气味与纸张相似，对卷烟吸味的影响极小。淀粉胶粘剂因其来源丰富，价格低廉，天然环保，越来越受到卷烟行业的关注。

随着高速卷烟机的大批量引进，利用原淀粉制备的胶粘剂已经不能满足卷烟工业的需要，必须克服其初粘性低、干燥速度慢、贮存稳定性差等缺陷，方能适应高速卷烟机的卷制需求，被卷烟行业重新接受。人们通过氧化、醚化、交联、接枝等手段对原淀粉进行改性，制得了改性淀粉胶粘剂，使其性能有了很大改进。

（一）改性淀粉卷烟胶的研究发展状况

改性淀粉胶的历史最早起源于西欧，即 1804 年出现的英国胶，1811 年 Kirchhoff 创立了淀粉的酸糖化法。20 世纪 90 年代国际上已出现了高速卷烟机用改性淀粉胶粘剂。近年来，改性淀粉发展迅速，各种改性淀粉胶大量涌现。目前，国内的改性淀粉胶粘剂在卷烟工业上的应用尚处于起步阶段，报道的主要有氧化改性淀粉胶、酯化改性淀粉胶、交联改性淀粉胶和 PVA 接枝改性淀粉胶等。

1. 氧化改性淀粉胶粘剂

氧化改性淀粉胶主要是通过氧化作用，使淀粉葡萄糖的苷键部分断裂，使淀粉大分子结构官能团发生变化，使聚合度降低。在反应过程中，淀粉的羟基被氧化成羧基、醛基和羰基，提高了胶液与卷烟纸的粘接性；同时，随着分子链的断裂，分子质量减小，亲合力和水溶性增加，从而制备出高固含量的胶粘剂，使干燥速度得以提高。

林险峰以玉米淀粉为主要原料，经过预糊化、电化学氧化、加碱糊化等手段进行化学改性，制备出具有透明性和一定初粘性的改性玉米淀粉黏合剂。他探讨了氧化方法对实验结果的影响及氧化剂过氧化氢、高锰酸钾、次氯酸钠在工业生产中存在的缺陷，如药品残留量大，污染严重，尤其是在用次氯酸钠做氧化剂时，会释放出有毒的氯气，指出电化学氧化法才是未来生产的努力方向。

黄向红以不同的氧化剂高锰酸钾、次氯酸钠和过氧化氢分别制备了玉米淀粉胶粘剂，考查了不同氧化剂对淀粉胶黏度的影响。结果表明，氧化反应对产品的黏度、初粘性及稳定性有很大的影响。高锰酸钾氧化能力强，用量相对少些，次氯酸钠用量较大。

2. 酯化改性淀粉胶粘剂

酯化改性淀粉胶是把淀粉中的羟基与其他物质发生酯化反应而生成新的官能团，从而提高淀粉胶的贮存稳定性、粘接强度，进而扩大其应用范围。工业上常用的酯化剂有二元酸、脲醛树脂、醋酸酐等。

孙建平等以淀粉为原料，醋酸酐为改性剂，合成了酯化改性淀粉胶。由于酯化反应使淀粉发生了部分交联，所以改性后的淀粉黏度增大，防霉和防潮性能得到了提高，贮存稳定性也变得更好。

3. 接枝改性淀粉胶粘剂

淀粉通过化学助剂进行引发，可以和丁二烯、丙烯酸、苯乙烯、甲基丙烯酸甲酯等发生接枝反应，连接上高分子单体的支链，生成接枝共聚物。由于引入了高分子的特性，改性后的淀粉胶粘剂的初粘性显著增强。

杜拴丽等以聚乙烯醇（PVA）和淀粉为主要原料，次氯酸钠为氧化剂，过硫酸钾为引发剂，制备了一种不含甲醛、环保的改性淀粉胶粘剂，并探讨了改性机理，考查了聚乙烯醇与淀粉的配比对胶粘剂性能的影响。

杨利敏将玉米淀粉用次氯酸钠、硼砂氧化，再与聚乙烯醇（PVA）接枝反应，然后加入VAE707和乳化剂进行乳化反应，并补加单体和引发剂，保温反应，最后过滤得到卷烟搭口胶。此方法制得的卷烟胶在经济、环保、吸味等方面有很大的改进。但该方法仍以聚乙酸乙烯酯（PVAc）为主，并没有真正解决高聚物的残毒和吸味问题。

4. 交联改性淀粉胶

交联改性淀粉胶是利用淀粉与具有2个或2个以上官能团的化合物反应，使不同淀粉分子羟基间连接在一起，得到目标产物。经过交联改性后的淀粉胶粘剂耐水性和粘接强度均有所改善。

谢启明等通过控制氧化条件、pH值和温度，制得了羧基含量高、淀粉分子解聚度低、氧化度适中的性能优良的氧化玉米淀粉。经氢氧化钠冷糊化，再加入三偏磷酸钠进行交联，三偏磷酸钠用量为淀粉的 3% 为宜。再加入聚乙烯醇（PVA），聚乙烯醇（PVA）与交联后的淀粉磷酸酯有良好的共容性，改善了胶的初粘性、干燥速度和粘接强度，聚乙烯醇（PVA）的量占淀粉的 15%，各项性能符合卷烟胶的生产指标。

查正根等通过糊化、氧化、交联的方法对玉米淀粉进行改性，制得变性淀粉，极大地改善了淀粉胶的流动性和快干性。实验用到的氧化剂是次氯酸钠，其用量占淀粉的 70%，由于次氯酸钠不稳定，在反应过程中会释放出氯气，对环境造成了污染。

（二）发展与展望

随着人们健康意识的增强，对卷烟胶的绿色环保及质量标准的要求越来越严格，卷烟生产用胶正向低毒、环保、高性能的方向发展，改性淀粉无疑是最佳选择。

尽管近些年有很多学者致力于改性淀粉的研究，但真正能满足高速卷烟机生产的改性淀粉胶还很少。能满足生产线加工要求的还是以合成卷烟胶为主。

因此，今后的研究重点应放在以淀粉为主要原料，开发更有效的天然、无毒改性剂，改性后的淀粉胶是真实意义上的无害胶；提高原淀粉胶的乳液固含量，改善初粘性，使其能够快速固化以适应高速卷烟机生产，实现真正意义的绿色环保。

第二节　施胶量的检测方法

卷烟搭口胶施加于卷烟搭口处，宽度在 1mm 左右。施胶量少，在卷烟机上施胶区域小，在线及离线检测难度大。卷烟搭口胶施胶量的检测目前还没有国家标准、行业标准或企业标准，操作工判断搭口胶施胶量的大小全凭经验，通过观察胶的流速进行判断，往往造成不同机台、不同班次实际施胶量的较大差异。企业较为通用的搭口胶施胶量检测方法是模拟开机状态接胶并直接称重然后根据卷烟机车速计算施胶量，或者通过卷烟产量和用胶量推算施胶量；有少量企业通过精确称取干燥后的涂胶卷烟纸、未涂胶卷烟纸和胶的固含量推算卷烟搭口胶施胶量；也有个别企业向搭口胶中添加标志物，再用含标志物的搭口胶卷烟，通过检测烟支中卷烟纸标志物的量推算卷烟搭口胶施胶量；还有文献报道通过测量搭口胶痕宽度折算施胶量和通过近红外探头测定搭口胶涂胶处的含水率折算施胶量的检测方法。

通过卷烟产量和用胶量来推算搭口胶施胶量，由于卷烟跑条和残烟剔除等原因，所得结果不准确，只能粗略地测量搭口胶施胶量平均值；通过精确称取干燥后的涂胶卷烟纸、未涂胶卷烟纸和胶的固含量推算卷烟搭口胶施胶量，由于卷烟纸定量和胶的固含量有波动，不是恒定值，很难准确测量搭口胶施胶量，只能大约测量某一长度的卷烟纸的搭口胶施胶量平均值，并且在样品制备过程中需要烘干等操作，程序较复杂，耗费时间较长，效率不高；通过测量搭口胶胶痕宽度折算施胶量，虽能实现在线检测，但由于浸润等作用，无法得知实际的涂胶厚度，且受涂胶均匀性的影响，不能准确测量；通过红外探头探测涂胶处含水率折算施胶量，虽能实现在线检测，但同样存在着无法得知实际涂胶厚度和胶的固含量有波动等问题，不能准确测量；通过向搭口胶中添加标志物，再用含标志物的搭口胶卷烟，通过检测烟支中卷烟纸标志物的量推算卷烟搭口胶施胶量（标志物测量法），该方法是目前已知最准确的测定施胶量的方法，不仅能够检测一段时间内单支卷烟搭口胶施胶量的平均值，而且能够精确测定单支卷烟的搭口胶施胶量，但该方法的程序烦琐，检测周期长，只适合进行设备点检、仪器标定和试验检测；模拟开机状态接胶并直接称重然后根据卷烟机车速计算施胶量，由于接胶需要达到一定时间后，才能比较准确，因此，只能测量一定时间段内单支卷烟施胶量的平均值，不能测量单支卷烟的施胶量，而且直接接胶，喷胶嘴没有卷烟纸堵塞和移动，和实际的施胶过程有差异，存在一定的测量误差，但可以通过标志物测量法等精确测量法进行修正，该方法的最大优点是能够较快速地测定卷烟搭口胶施胶量。下面着重介绍两类卷烟搭口胶施胶量的检测方法：标志物测量法和直接称重测量法。

一、标志物测量法

目前，关于卷烟搭口胶施胶量准确测定的研究较少。为准确测定卷烟搭口胶施胶量，标志物法是一种首选的检测方法。标志物测量法是通过筛选确定卷烟搭口胶测定的标志物。该标志物必须满足如下要求：第一，性能稳定，便于检测，检出限低且灵敏度高；第二，在卷烟纸、烟丝和搭口胶中含量极低或不含有；第三，应易溶于水，不和搭口胶发生化学反应，能均匀分散在搭口胶中，形成均匀且稳定的体系，对胶的性能和施加量无影响；第四，无毒无害，不影响卷烟感官质量。再根据最低检出限，确定标志物的添加量。将一定量的标志物均匀地掺配到卷烟搭口胶中，用含有标志物的搭口胶卷烟，继而进行烟支部分空筒（卷烟纸）中标志物的准确测定，从而实现对卷烟搭口胶施胶量的准确测定，为设备点检、仪器标定、试验研究和卷烟搭口胶施胶量控制提供技术支持。

（一）方法原理

将标志物添加于卷烟搭口胶中，在正常生产条件下卷烟，取出一定量卷烟样品，去除卷烟烟丝。截取一定长度的卷烟纸空筒，经样品前处理后，测定卷烟纸空筒和卷烟搭口胶中标志物含量，计算得到每支卷烟搭口胶的施胶量。

（二）样品的制备

标志物法检测搭口胶施胶量，首先要制备检测样品。样品制备主要包括含标志物的搭口胶制备、卷烟样品制备和待测样品制备。

1. 含标志物的搭口胶制备

选用 Zn^{2+} 为标志物，以葡萄糖酸锌（或氯化锌）的形式添加。将 10 g 葡萄糖酸锌（或氯化锌）用少量水溶解后，在不断搅拌（搅拌速度为 300 r/min 左右）条件下缓慢添加到约 500 g 搭口胶中，放置过夜（12 h）以使标志物均匀分散于搭口胶中；获得含标志物的搭口胶样品。同时以同批次空白搭口胶为对照样。

2. 卷烟样品制备

在卷烟机正常生产参数条件下，用含标志物的搭口胶卷烟，获得含标志物的卷烟样品；同时用同批次不含标志物的搭口胶在相同条件下卷烟，获得对照卷烟样品。

3. 待测样品制备

每次取一支（或多支）含标志物的卷烟样品和对照卷烟样品并去除卷烟样品中的烟丝，分别准确截取 50 mm 长的含标志物卷烟烟支空筒和对照卷烟烟支空筒，同时称取 200 mg 含标志物的搭口胶和 200 mg 不含标志物的空白搭口胶，采用微波消解法进行处理获得各样品溶液。该溶液为待测样品。其中，微波消解法具体为：将烟支空筒或搭口胶等样品置于微波消解罐中，再加入 5 mL 浓硝酸（65%，优级纯，德国 Merck 公司）和 1 mL 双氧水（30%，德国 Merck 公司）进行微波消解，获得微波消解液；微波消解程序为：

$$30℃ \xrightarrow{10℃/min} 100℃(5\,min) \xrightarrow{5℃/min} 130℃(5\,min) \xrightarrow{10℃/min} 190℃(20\,min);$$

将微波消解液转移至 PET（聚对苯二甲酸乙二醇酯）塑料瓶中，用少量超纯水冲洗微波消解罐和盖子各 5 次，洗涤液移至 PET 塑料瓶中与微波消解液合并后，用超纯水定容至 50 mL，摇匀，即获得待测样品溶液。

（三）测定方法

采用 ICP-MS 法对待测样品溶液进行 Zn 元素的测定，选择 ^{72}Ge 为内标，测定质量数为 65 的 Zn 元素，ICP-MS 仪器条件见表 5-1。再依据公式（1）计算即可得到每支卷烟中搭口胶施胶量：

$$D = \frac{m(A_1 - A_2)}{n(B_1 - B_2)} \tag{1}$$

式中：D 为搭口胶施胶量（mg/支）

m 为含标志物/对照卷烟烟支卷烟纸段的实际长度（mm）

n 为截取的含标志物/对照卷烟烟支空筒的长度（mm）

A_1 为含标志物卷烟烟支空筒中标志物的含量（μg/支）

A_2 为对照卷烟烟支空筒中标志物的含量（μg/支）

B_1 为含标志物搭口胶中标志物的含量（μg/mg）

B_2 为空白搭口胶中标志物的含量（μg/mg）

表 5-1 ICP-MS 仪器检测条件

仪器参数	参数值	仪器参数	参数值
射频功率/W	1320	蠕动泵采集转速/(r/s)	0.1
载气流速/(L/min)	1.03	蠕动泵采集转速/(r/s)	0.3
采样深度/mm	6.7	蠕动泵提升时间/s	30
雾化器	Babington	蠕动泵稳定时间/s	45
雾化室温度/℃	2	重复采集次数/次	3

该方法的关键是标志物的选取和与胶液的均匀混配。该方法的优点是测量结果准确，可以精确测量每支卷烟的搭口胶施胶量，考察搭口胶施胶的均匀性；其缺点是测量周期长，测量程序烦琐，操作有难度，不适合对卷烟搭口胶施胶量进行快速检测。

二、直接称重测量法

直接称重法是一种传统的施胶量测定方法，虽然本方法不成文，而且具体测量方式各异，但被大多数企业普遍采用。可以通过 3 种途径实现：

1. 测量干燥后涂在卷烟纸上搭口胶的含量。将一定长度的加胶后卷烟纸与同一盘未加胶卷烟纸（对照样）置于烘箱中，在 100℃条件下干燥 2 小时，在干燥皿中冷却至室温后精确称得卷烟纸重量，求得卷烟纸的单位面积重量，由其单位面积重量差、卷烟纸宽度、卷烟纸定量和胶的固含量，推算出搭口胶施胶量。该方法的优点是可以直接测出施加到卷烟纸上搭口胶液的量，但准确度较差。因为卷烟纸的定量和搭口胶的固含量有波动，检测结果与实际值差异较大，而且取样和检测程序较复杂。通常不选择此方法。

2. 在卷烟机正常运行时统计卷烟产量和搭口胶用量。开始测试前，记录胶缸中胶液的液面位置，待卷制一段时间（例如1个班次、1h或30min）后统计该时间段卷出的烟支数（如遇故障停机，需重新进行测试），同时往胶缸中加胶至开始测试时的位置，准确称取加入胶液的重量，计算出施胶量。该方法的优点是可以直接测出施加到卷烟纸上胶液的量，但准确度较差。因为卷烟支数难以统计准确，而且观察胶缸内搭口胶的液位，根据液位添加胶液难以准确添加。故通常也不选择此方法。

3. 模拟正常开机状态，直接接出胶液并称重，记录卷烟机车速，计算出卷烟施胶量。该测量方法的主要优点是：测试方法比较简单，在生产现场就能够实现，测量结果比较准确，测量周期短。主要缺点是：模拟开机状态和正常开机状态存在一定偏差，会产生一定的系统误差；且只能检测一段时间内的施胶量，然后按照卷烟机车速推算出每支卷烟的施胶量的平均值，没法具体测定每支卷烟的施胶量。

通过以上介绍，可以看出：途径3作为卷烟搭口胶施胶量测定方法，比较简单、高效、快捷，虽然有一定误差，但可以通过标志物法等精确测定后进行比对修正。下面介绍途径3的直接称重测量法。

（1）方法原理。模拟正常开机状态，直接接出胶液并称重，根据卷烟机运行车速进行折算，计算出卷烟搭口胶施胶量，得到一段时间内单支卷烟的平均搭口胶施胶量。

（2）测定方法。卷烟机停机状态下，在搭口胶喷胶嘴尖端外部套上橡胶（或塑料）管，橡胶（或塑料）管的内径为3～5mm，长度为150～400mm，在橡胶（或塑料）管出口端的正下方放置一个胶液回收容器，防止胶液流出落到地面上；设定好卷烟机车速，令卷烟机运行车速与正常开机状态一致，在卷烟机空转状态下（不输送卷烟纸和烟丝的状态），尽可能保持喷胶嘴处于正常开机时的状态（即喷胶嘴顶针位置不变、喷胶嘴尖端高度基本不变），启动卷烟机，搭口胶供胶系统模拟正常卷烟时的供胶状态供胶，待流出喷胶嘴的胶液流量稳定1～2min后，记录卷烟机车速平均值（记为v）；用已知重量为m0的接胶容器（容积60～120mL）接住流出的胶液并开始计时，接胶时间t达到3～10min后将该接胶容器移出，连同胶液一起称重并记为mL；按照公式（2）计算卷烟搭口胶施胶量：

$$G = \frac{30000(m_1 - m_0)}{L \cdot t \cdot v}$$

（2）

式中：G 为卷烟搭口胶施胶量（g/500m）卷烟纸

m_1 为胶液和接胶容器的重量和（mg）

m_0 为接胶容器的重量（mg）

t 为接胶时间（s）

v 为卷烟机平均车速（支/min）

L 为单支卷烟卷烟纸长度（mm）

也可按照公式（3）计算卷烟搭口胶施胶量：

$$S = \frac{60(m_1 - m_0)}{t \cdot v} \tag{3}$$

式中：S 为卷烟搭口胶施胶量（mg/支）

m_1 为胶液和接胶容器的重量和（mg）

m_0 为接胶容器的重量（mg）

t 为接胶时间（s）

v 为卷烟机平均车速（支/min）

重力供胶时，由于搭口胶施胶量受胶液液面高度、卷烟机车速、喷胶嘴高度和顶针位置等因素的影响，检测时，应提前对其进行记录或标记，确保其为正常开机时状态。

该检测方法的关键是准确称量胶液和容器的重量以及喷胶嘴的状态。该方法的优点是测量快速简便，适宜于日常检测和考核；其缺点是测量不够精确，无法考察单支卷烟的实际施胶量，以及施胶的均匀性。该方法可以补充标志物法的不足，可利用标志物法进行修正。当已知该方法和真值的差异性后，利用该方法能够快速测定卷烟的平均施胶量。

第三节　对卷烟质量的影响

卷烟搭口胶是卷烟生产过程中不可缺少的材料，主要在烟支卷制时用于黏合卷烟纸。卷烟搭口胶直接参与烟支燃烧，抽吸时搭口胶会挥发或分解产生多种化学成分，从而影响卷烟的感官品质及安全性；而搭口施胶量过多或过少时，烟支易出现溢胶、粘连、爆口、翘边等质量缺陷。现在国内外大部分卷烟机在卷烟过程中，是通过胶缸内胶液位与喷胶嘴的高度差、喷胶嘴顶针位置来控制搭口胶的施胶量，该供胶装置的原理类似于"医用输液吊瓶"。随着卷烟生产的高速进行，胶缸液面不断降低，压力差变小，喷胶嘴中搭口胶的压力也随之降低，搭口胶的流速就逐渐减少，施胶量随之不断减小；这时负责的卷烟机操作工根据个人对施胶量多少的经验判断适时调整喷胶嘴顶针位置，不管调整与否，都会导致搭口胶施胶量来回波动。还有一种情况，就是有时烟丝的状态好，卷烟机的状况也好，为了追求产量，操作工就会提高卷烟机车速；反之，当烟丝的状态不好，或卷烟机的状况差时，为了保持卷烟质量或降低卷烟消耗，操作工就会降低卷烟机车速，在这种调速的过程中，操作工一般不会相应地调整施胶量，车速变化了而胶液的流速不变，单支卷烟的施胶量就会发生较大变化，造成施胶量的波动。烟草科技工作者试图通过研究施胶量对卷烟质量的影响程度来确定合理的施胶量范围，并通过开发定量施胶装置来实现对卷烟搭口胶施胶量的准确控制，并且取得了很好的效果。本节重点介绍搭口胶施胶量对卷烟质量的影响。

一、对外观质量的影响

由于不同牌号卷烟搭口胶的生产工艺和成分不同，粘接性能略有差异，施胶量的大小对卷烟外观质量的影响程度也有差异。研究发现北京某公司生产的 1# 胶，施胶量为 2.0mg/ 支时即出现爆口现象（见图 5-1）；当施胶量达到 3.5mg/ 支时，卷烟搭口处开始不平整（见图 5-3）；达到 4.0mg/ 支时有内溢胶现象（见图 5-2）；郑州某公司生产的 2# 胶和河南省新郑市某公司生产的 3# 胶，当施胶量为 1.0mg/ 支时易出现爆口现象，达到 3.0mg/ 支时，卷烟搭口处开始不平整，达到 3.5mg/ 支时有内溢胶现象。因为施胶量过低时，涂胶后胶液迅速向卷烟纸渗透而干燥，导致纸面留存有效胶量降低，胶膜厚度减薄，粘接强度降低，烟支较易爆口；施胶量过大时，卷烟纸面内胶液渗透趋于饱和，纸面间存留胶量较大，乳胶粒子间水分不容易蒸发而造成溢胶或粘接强度降低而出现爆口。向烟支内部溢胶，会粘黏烟丝，影响燃烧；向烟支外部溢胶会粘连烟末，影响美观。发生溢胶时，由于搭口处胶液中大量水分的存在，仅依靠胶水的初粘力维持烟支成型，卷烟纸内充填着靠喇叭口压缩的烟丝，烟丝存在回弹力，电烙铁很难将胶水烫干，在烙铁后随着压力的解除，搭口处纸面间极易产生滑移，造成爆口、跑条等质量缺陷。另外卷烟纸载胶能力有限，喷出的多余胶水将在喷胶嘴处聚集，形成胶垢，影响烟支卷制，增加设备清洁频率。由于不同牌号搭口胶与不同牌号卷烟纸的接触角（润湿性能）不同，故临界施胶量也不一致。

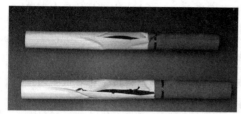

图 5-1　卷烟爆口

图 5-2　卷烟内溢胶

图 5-3　卷烟搭口不平整

二、对卷烟物理质量的影响

由于卷烟的物理质量主要受烟丝质量、卷烟机卷制参数和卷烟材料的影响，卷烟搭口胶施加于卷烟搭口处很小的区域内，而且施胶量很小，每支卷烟均在 10 mg 以下，每一支中胶液的干物质量更少，相对于其他物质波动很小，故卷烟搭口胶对卷烟物理质量的影响可以忽略。实验研究表明，不论是高档卷烟还是中档卷烟，也不论是什么牌号的卷烟搭口胶，随着施胶量的增大，卷烟的物理质量差异不大或无一定变化规律（见表5-2）。

表 5-2　不同搭口胶施胶量的烟支物理质量检测结果

卷烟档次	胶编号	施胶量 /mg/ 支	单支质量 /mg	吸阻 /Pa	总通风率 /%	圆周 /mm	硬度 /%
高档	1#	2.5	891.3±18.3	1 067±29	20.53±1.59	24.28	67.69
		3.0	901.6±17.5	1 058±32	22.98±1.36	24.45	69.18
		3.5	894.8±22.2	1 065±34	21.65±1.49	24.36	68.21
	2#	1.0	906.8±13.8	1 102±46	20.27±1.82	24.32	66.88
		1.5	895.4±24.6	1 076±35	21.62±0.96	24.34	67.36
		2.0	891.2±18.2	1 054±51	22.74±1.95	24.26	66.42
		2.5	903.5±17.9	1 095±38	20.84±1.26	24.37	67.25
		3.0	900.6±22.4	1 088±37	21.76±1.88	24.24	68.46
		3.5	898.2±18.3	1 090±54	20.93±1.59	24.38	64.68
	3#	1.0	891.6±22.4	1 079±35	20.48±1.46	24.32	68.28
		1.5	893.9±20.7	1 055±33	21.91±2.06	24.35	67.30
		2.0	907.3±22.2	1 086±30	21.92±1.39	24.33	68.76
		2.5	900.4±17.8	1 063±30	21.23±1.27	24.37	65.93
		3.0	900.1±22.1	1 068±30	20.86±1.30	24.36	66.42
		3.5	896.7±21.6	1 070±31	21.12±1.58	24.3	67.63

续表

卷烟档次	胶编号	施胶量/mg/支	单支质量/mg	吸阻/Pa	总通风率/%	圆周/mm	硬度/%
中档	1#	2.5	901.1±24.6	1 107±40	21.62±1.72	24.27	65.64
		3.0	897.6±16.9	1 101±31	22.68±1.33	24.34	67.19
		3.5	892.8±20.2	1 057±38	21.44±1.69	24.28	68.37
	2#	1.0	896.8±20.9	1 099±46	21.65±1.55	24.22	68.03
		1.5	898.8±14.8	1 104±38	21.09±0.88	24.19	65.54
		2.0	892.8±17.6	1 079±37	21.11±1.83	24.16	66.19
		2.5	907.1±15.3	1 110±34	21.97±1.39	24.20	68.57
		3.0	904.6±24.8	1 109±37	22.39±1.98	24.21	68.50
		3.5	894.7±19.5	1 084±53	22.34±1.64	24.23	67.80
	3#	1.0	885.7±16.7	1 059±30	21.60±1.31	24.23	66.15
		1.5	889.5±14.2	1 058±39	21.39±1.11	24.21	67.18
		2.0	890.3±18.4	1 064±35	21.73±1.44	24.22	65.85
		2.5	884.1±17.5	1 062±32	21.35±1.27	24.22	64.32
		3.0	882.5±18.0	1 051±27	21.54±1.14	24.24	64.81
		3.5	888.2±15.1	1 052±36	22.20±1.38	24.23	65.06

注：烟支含水率为12.12%；1#胶的施胶量设定值到2.0mg/支时即出现爆口，故只有3个施胶量梯度的卷烟

三、对卷烟感官质量的影响

前面曾多次提到过，现在卷烟所用搭口胶一般为醋酸乙烯-乙烯共聚乳液（VAE）及其改性物。这类卷烟胶虽有很好的粘接性能和诸多优点，完全能满足当前高速卷烟机的

卷制需求，但是，这类卷烟胶是化学合成胶，在合成和改性过程中，会残存少量反应不完全的小分子物质，可能在卷烟燃吸过程中受热挥发而进入烟气，在卷烟燃吸的高温条件下搭口胶自身将发生裂解反应，裂解产物也会进入烟气，势必对卷烟感官质量造成一定影响。实验研究表明：搭口胶的不同施胶量对卷烟感官质量有影响，随着施胶量的增大（每千支1.5～3.5mL范围内），感官质量均有变差的趋势，主要表现为刺激性增大，杂气和干燥感增加，干净程度变差（见图5-4至图5-9）。

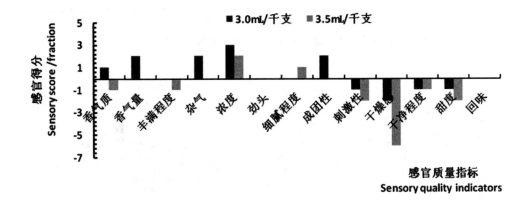

图5-4　1#胶千支施胶量对高档牌号卷烟感官质量的影响

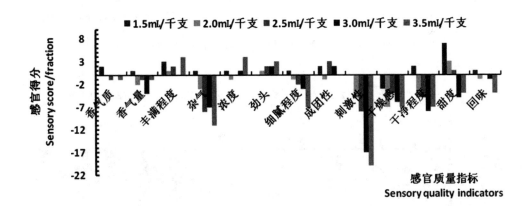

图5-5　2#胶千支施胶量对高档牌号卷烟感官质量的影响

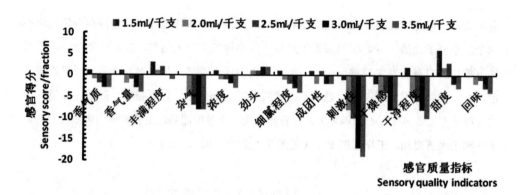

图 5-6　3#胶千支施胶量对高档牌号卷烟感官质量的影响

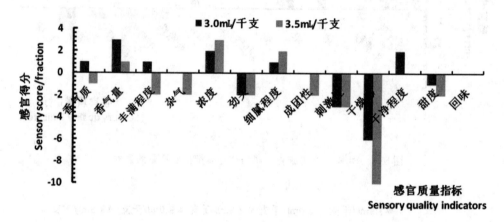

图 5-7　1#胶千支施胶量对中档牌号卷烟感官质量的影响

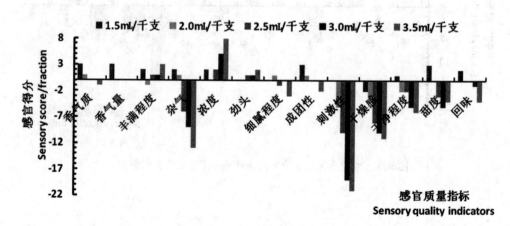

图 5-8　2#胶千支施胶量对中档牌号卷烟感官质量的影响

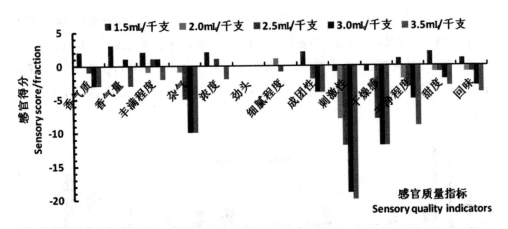

图 5-9　3# 胶千支施胶量对中档牌号卷烟感官质量的影响

由以上实验结果可知，不论是高档卷烟还是中档卷烟，1# 胶千支施胶量设定值为 2.5 mL，2# 胶和 3# 胶为 1.5 mL 时，卷烟感官质量最优；当千支施胶量为 1.5 mL 时，表明卷烟胶燃烧产物的成分和烟气成分最协调，低于 1.5 mL 时，卷烟感官质量变差。

表 5-3　不同搭口胶千支施胶量的卷烟感官质量总体评价结果

卷烟档次	胶编号	总体评价
高档	1#	2.5 mL（34 分）> 3.0 mL（29 分）> 3.5 mL（27 分）
	2#	1.5 mL（70.1 分）> 1.0 mL（58.2 分）> 2.0 mL（37 分）> 2.5 mL（33 分）> 3.0 mL（27 分）> 3.5 mL（21 分）
	3#	1.5 mL（72 分）> 1.0 mL（62.5 分）> 2.0 mL（36 分）> 2.5 mL（32 分）> 3.0 mL（22 分）> 3.5 mL（19 分）
中档	1#	2.5 mL（35 分）> 3.0 mL（30 分）> 3.5 mL（26 分）
	2#	1.5 mL（60.7 分）> 1.0 mL（57.9 分）> 2.0 mL（52.5 分）> 2.5 mL（41 分）> 3.0 mL（29 分）> 3.5 mL（20 分）
	3#	1.5 mL（63.8 分）> 1.0 mL（60.4 分）> 2.0 mL（50.7 分）> 2.5 mL（36 分）> 3.0 mL（29 分）> 3.5 mL（25 分）

由于不同牌号搭口胶的加工工艺及化学成分有一定差异，对卷烟感官质量的影响也不同。实验结果表明：当千支施胶量均为 2.5 mL 时，和 3# 胶相比，2# 胶样品的香气量、刺激性和干燥感略有变差，1# 胶样品的甜度略有增大；三种不同搭口胶卷烟样品的感官质量总体评价排序均为：1# 胶（得分 26）＞ 3# 胶（得分 22）＞ 2# 胶（得分 17）（见图 5-10、5-11）。

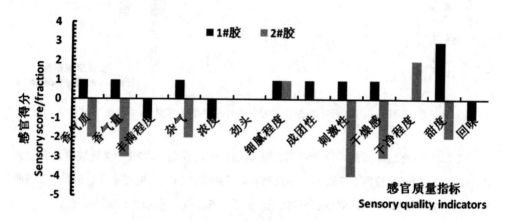

图 5-10　不同牌号搭口胶对高档牌号卷烟感官质量的影响

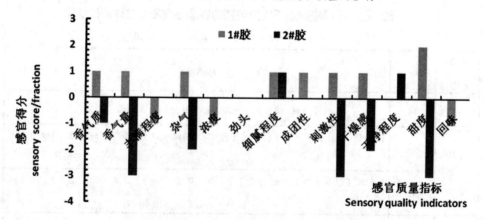

图 5-11　不同牌号搭口胶对中档牌号卷烟感官质量的影响

四、对主流烟气成分的影响

由于卷烟搭口胶施胶量相对较小，且干物质只占总胶量的 50% 左右，留存到卷烟上的干物质更少，在燃吸过程中释放的气体在整个烟气中的占比很小，进入主流烟气成分的量可以忽略，所以对主流烟气成分几乎无影响。实验研究结果表明：不同牌号搭口胶对卷烟烟气成分的影响规律相似，随着施胶量的增大，卷烟的主流烟气成分差异不大（见

表 5-4）。

表 5-4　不同搭口胶施胶量卷烟的主流烟气成分

卷烟档次	胶编号	千支施胶量/mL	单支质量/mg	单支抽吸口数	单支总粒相物/mg	单支焦油量/mg	单支烟碱量/mg	单支CO量/mg
高档	1#	2.5	900	6.9	13.66	11.2	1.11	10.3
		3.0	900	7.0	13.58	11.3	1.12	10.1
		3.5	900	7.0	13.62	11.2	1.11	10.2
	2#	1.0	900	7.0	12.90	10.7	1.05	9.8
		1.5	900	7.0	12.52	10.5	1.05	9.7
		2.0	900	7.1	12.84	10.7	1.07	9.6
		2.5	900	7.0	12.76	10.3	1.06	9.8
		3.0	900	7.0	13.15	10.9	1.02	10.0
		3.5	900	7.0	13.09	10.8	1.04	9.7
	3#	1.0	900	7.0	13.02	10.8	1.05	10.0
		1.5	900	7.0	12.70	10.4	1.03	9.6
		2.0	900	7.0	13.14	10.8	1.06	9.8
		2.5	900	7.0	12.47	10.3	1.00	9.6
		3.0	900	7.1	12.88	10.6	1.05	9.8
		3.5	900	7.0	12.95	10.7	1.05	9.9

卷烟档次	胶编号	千支施胶量/mL	单支质量/mg	单支抽吸口数	单支总粒相物/mg	单支焦油量/mg	单支烟碱量/mg	单支CO量/mg
中档	1#	2.5	900	6.9	12.54	10.8	1.02	9.6
		3.0	900	6.9	12.47	10.7	1.01	9.8
		3.5	900	6.9	12.62	10.7	0.98	9.8
	2#	1.0	900	6.9	12.88	10.9	1.01	9.7
		1.5	900	6.8	12.82	11.0	0.99	9.5
		2.0	900	6.8	12.89	10.8	1.00	9.8
		2.5	900	6.9	12.27	10.8	0.84	10.3
		3.0	900	6.9	12.87	11.1	1.02	9.9
		3.5	900	6.7	12.49	10.8	1.01	10.0
	3#	1.0	900	6.9	12.50	10.7	0.96	9.6
		1.5	900	7.1	12.68	10.7	0.85	9.6
		2.0	900	6.9	12.53	10.8	1.00	9.6
		2.5	900	6.9	12.37	10.8	0.95	9.5
		3.0	900	6.9	12.43	10.6	0.94	9.5
		3.5	900	6.9	12.53	10.3	1.03	9.6

五、对烟气有害成分的影响

由上面搭口胶对主流烟气成分的影响分析可知，搭口胶对烟气有害成分的影响也可忽略。实验研究结果显示，搭口胶施胶量对卷烟烟气7种有害成分和危害性指数H值无影响。（见表5-5、5-6）。

表 5-5 不同搭口胶施胶量对卷烟烟气有害成分释放量的影响

| 搭口胶 | 千支施胶量 /mL | 单支烟气有害成分 | | | | | | | 危害性指数 H 值 |
		CO/%	HCN/μg	NH3 /μg	NNK /ng	BaP/ng	苯 酚 / μg	巴 豆 醛 / μg	
1# 胶	1.5	10.9	112.7	8.1	5.35	10.9	12.2	12.5	8.6
	2.0	11.5	121.4	8.1	5.21	11.3	12.0	13.8	8.7
	3.0	11.4	123.3	8.2	5.55	11.9	12.8	13.7	8.7
2# 胶	1.5	10.8	111.7	8.2	5.15	10.6	12.0	12.3	8.4
	2.0	11.2	120.4	8.3	5.29	11.0	12.3	13.5	8.6
	3.0	11.0	121.2	8.1	5.45	11.8	12.6	13.4	8.5
3# 胶	1.5	10.7	119.7	8.0	5.25	11.0	12.2	12.4	8.6
	2.0	11.1	124.4	8.4	5.28	10.7	12.3	13.3	8.7
	3.0	11.8	120.3	8.2	5.43	11.2	12.6	13.4	8.7

表 5-6 烟气有害成分释放量与施胶量关系——方差分析

指标	均方	F 值	P 值
CO	363.601	1 286.449	1.02E-16
HCN	61 905.080	6 308.708	3.30E-22
氨	162.601	719.560	9.94E-15
NNK	44.998	198.313	1.96E-10
BaP	363.601	1 135.759	2.74E-16
苯酚	465.125	1 806.311	6.96E-18
巴豆醛	542.302	1 398.988	5.28E-17

续表

指标	均方	F 值	P 值
H 值	186.889	833.189	3.15E-15

注：Fcrit=4.493 998

第四节　搭口胶施胶装置

由上一节介绍的内容可知，卷烟搭口胶施胶量对卷烟的外观质量和感官质量有一定影响。为了保证产品加工质量的一致性和均质化，提高卷烟精益加工水平，对卷烟搭口胶施胶量进行精准化控制就十分必要。如何对搭口胶施胶量进行有效控制呢？当前国内外大部分卷烟机卷烟纸搭口施胶，都利用胶缸与喷胶嘴的高度差所产生的压力差进行自动施胶。这种"吊瓶输液式"的施胶方式存在很多缺陷。主要有：第一，不同机台或同一机台不同班次间施胶量存在较大差异；第二，随着胶液在胶缸中料位的变化造成施胶量的较大差异；第三，当卷烟机车速发生变化时，施胶量不会自动随着同比例变化，造成施胶量不稳定；第四，喷胶嘴顶针调节胶液流量，有很大的主观随意性，不能保证施胶量的均匀一致。为了控制施胶量，使得施胶均匀稳定，科技工作者进行了大量努力，并且取得了很好的应用效果。

鲁才略研制了卷烟搭口上胶装置（专利号 ZL200820082431.7），该装置主要由触摸屏、PLC 智能控制器、伺服电机、计量泵、上胶机构等组成（见图 5-12 和图 5-13）。工作原理：通过 PLC 智能控制器采集卷烟机主电机车速信号，通过伺服电机控制计量泵，使计量泵泵出的胶量与卷烟机车速成比例。该装置通过 PLC 智能控制器设置烟条的施胶量（g/500 m），通过 PLC 控制器对施胶量进行自动控制；根据实际施胶量的测量结果和卷烟机车速设定施胶量的加速偏移值、校正值，并能根据搭口胶的牌号，设定设备运行参数，对施胶量进行修正。该装置实现了均匀稳定供胶，并能对施胶量进行设定、修正和自动控制。该装置现在已广泛应用于 ZJ116、ZJ118、ZJ119 和国内 PROTOS M5、PROTOS M8 等型号的卷烟机组。但由于计量泵不是流量计，不能进行准确计量和控制，因而不能实现精准施胶；该装置设定和调节程序烦琐，需要根据卷烟机车速和搭口胶牌号的变化对施胶量进行重新设定和修正。

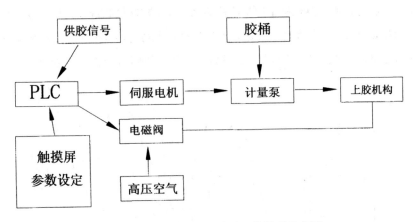

图 5-12 卷烟搭口上胶装置工作原理示意图

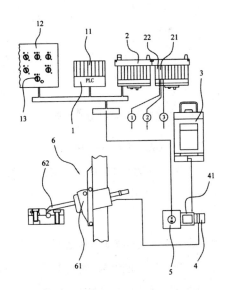

图 5-13 卷烟搭口上胶装置结构示意图

1—智能控制器；2—气缸；3—输胶桶；4—计量泵；5—伺服电机；6—上胶机构；11—智能集成电路；
12—控制面板；13—选择开关；21—电磁阀；22—电磁阀；41—支座；61—喷胶体；62—胶水喷嘴

　　王爱成研制了一种卷烟搭口供胶装置（专利号 ZL201120539349.4），该装置主要由胶桶、气动隔膜泵、胶缸、胶液泵、压力传感器、液位传感器、气缸、针式弹簧阀等组成（见图 5-14）。工作原理：通过气动隔膜泵将胶筒里的胶液泵进胶缸中，通过压力传感器和液位传感器控制胶缸内胶的液位基本恒定；通过气缸调节喷胶嘴中的针式弹簧阀来控制胶液流量，气缸的行程与卷烟机车速呈线性关系，车速越高供胶量越大。该装置也基本实现了均匀稳定供胶。但设备结构复杂，通过气缸行程与卷烟机车速的线性关系来调节施胶量的均匀稳定可靠性差，该装置不能根据需要设定施胶量，气动隔膜泵噪声大。

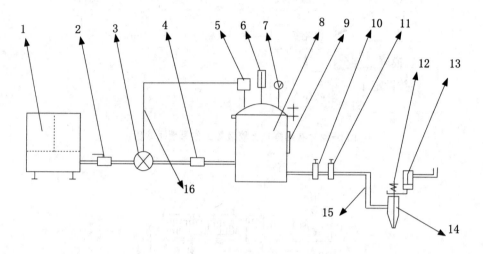

图 5-14 一种卷烟机供胶装置结构示意图

1—胶筒；2—过滤阀门；3—气动隔膜泵；4—快换接头；5—压力传感器；

6—排气阀；7—补气阀；8—胶缸；9—液位光电管；10—阀门；

11—快换接头；12—针式弹簧阀 13—气缸；14—喷胶嘴；15—胶管；16—信号导线

毛地华等人研制了一种卷烟机乳胶定量稳定供胶装置（专利号 ZL201020642524.8）。该装置主要由手动供胶按钮、PLC 可编程控制器、伺服电机、齿轮泵、胶缸、喷胶器组成（见图 5-15）。工作原理：通过手动供胶按钮设定施胶量，PLC 可编程控制器根据卷烟机车速和手动供胶按钮设定值驱动伺服电机控制齿轮泵转速，从而实现均匀稳定供胶。该装置通过手动供胶按钮调节供胶量，不能显示供胶的多少，有一定的随意性，不能按预设比例进行精确施胶。

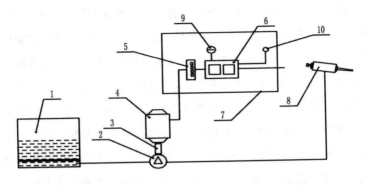

图 5-15　卷烟机乳胶定量稳定供胶装置结构示意图

1—胶缸；2—齿轮泵；3—磁性联轴节；4—伺服电机；5—伺服控制器；

6—PLC 可编程控制器；7—电控箱；8—喷胶器；9—电位器；10—手动供胶按钮

　　孙岁财等研制了一种智能数字化自动供胶系统（专利号 ZL201420587174.8），该系统主要由操作屏、PLC 智能控制器、伺服控制器、伺服电机、齿轮泵、胶缸、喷胶嘴等构成（见图 5-16）。工作原理：通过操作屏设定施胶量，PLC 智能控制器根据设定的施胶量和卷烟机车速数据通过伺服控制器控制齿轮泵与主机速度同步，在不同车速生产过程中能保证系统按设定值准确控制施胶量，确保均匀稳定供胶。由于施胶量的多少是根据齿轮泵每转泵出的胶量多少与齿轮泵转速测算而得，存在设定值和真值之间的系统误差，需要通过实验进行标定，才能实现精准控制。

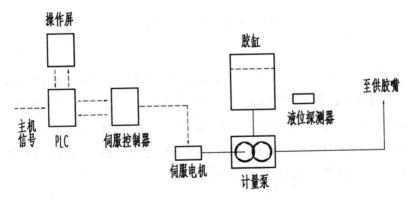

图 5-16　智能数字化自动供胶系统组成示意图

　　熊安言等研制了一种卷烟纸自动施胶系统（专利号 ZL201410661326.9），该系统由控制装置（包括触摸显示屏、PLC 智能控制器等）、施胶装置（包括伺服电机、齿轮泵、胶缸、上胶喷嘴装置等）和胶水流量采集装置（质量流量计等）构成（见图5-17）。工作原理：PLC智能控制器根据卷烟机车速和显示屏上预设的施胶比例计算出标准施胶量并转化为转速控制信号，通过伺服电机控制计量泵的转速，从而控制施胶量；同时质量流量计将胶水流量信息反馈至PLC智能控制器，对施胶量进行适时修正。该装置能够预设搭口胶施胶量，施胶量可随卷烟机车速变化而等比例变化，并采用质量流量计进行适时修正、校准，实现了等比例供胶、检测、反馈、修正的闭环控制，施胶更加均匀稳定，施胶量更精确。施胶量能够根据不同的卷烟纸和不同牌号的搭口胶通过实验进行设定，施胶更加科学合理。但由于现有技术限制，适用于胶液检测的质量流量计的选型有一定难度。

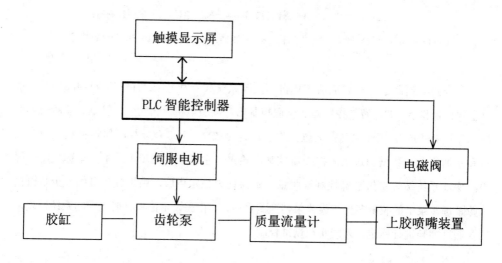

图5-17 卷烟纸自动施胶系统组成示意图

上面介绍的是现有较常用和较先进的施胶量控制装置，每种装置各有优缺点。但应用最为广泛的还是传统"吊瓶输液式"施胶量控制装置；齿轮泵同步施胶量控制装置已在ZJ116、ZJ118、ZJ119、PROTOS M5和PROTOS M8等高速卷烟机上大量使用；智能控制供胶系统虽没能广泛应用，但其操作方便、直观，施胶量控制准确，是以后技术发展的方向。下面就对具有代表性的这三种控制方法加以介绍。

一、"吊瓶输液式"施胶量控制装置

"吊瓶输液式"施胶量控制装置是目前应用最为广泛的一种卷烟搭口胶施胶量控制装置，由于其设备结构简单，调节、维修和保养方便，受到多数卷烟厂的青睐。该装置主要由三部分构成：胶缸、输胶管、喷胶嘴（胶枪）（见图5-18）。

图5-18 "吊瓶输液式"施胶量控制装置

胶缸设置在卷烟机的右上方，位于胶枪的右后方的电控箱上。胶缸为长方体结构，一般底部设有滤网，用来过滤胶液中的颗粒等杂质，防止堵塞喷胶嘴。胶缸的正面设有一个圆形的观察窗，用于观察胶液的液位高度。胶缸的上面盖有盖子，防止烟沫等杂物进入胶液中。

输胶管为内置螺旋形钢丝的塑料软管，连接在胶缸和胶枪之间，用来输送胶液，由于胶液较黏稠，依靠重力供胶，输胶管的直径不宜太小，胶管不宜过软，以免产生气泡或影响胶液的有效供给。

喷胶嘴（胶枪）是"吊瓶输液式"施胶量控制装置的核心部件，其主要功能是对卷烟纸搭口处均匀涂胶，胶枪由上胶器和支座组成，上胶器结构如图5-19所示，它由喷嘴、顶针、活塞、复位弹簧、胶量调节旋钮和上胶器体等组成。喷嘴是胶液的出口，其作用是将胶液涂到卷烟纸上；顶针是喷嘴的开关；活塞的作用是带动顶针，启动喷嘴，以便胶液从喷嘴流出。胶量调节旋钮用来调节压缩弹簧的压缩量，限定活塞的行程，即限定顶针的开启位置，从而控制上胶器的供胶量。

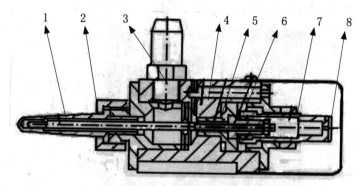

图 5-19　喷胶嘴结构示意图

1—顶针；2—喷嘴；3—管接头；4—上胶器体；5—活塞；6—内芯；7—压缩弹簧；8—调节旋钮

　　"吊瓶输液式"施胶量控制装置的工作流程为：从存胶装置（如胶缸）过来的卷烟搭口胶通过输胶管流入上胶器体内，当卷烟机启动运转后，喷胶嘴位移电磁阀控制双作用气缸正向动作，由上胶喷嘴装置带动喷嘴回转到卷烟纸纸带上；然后上胶器电磁阀打开，压缩空气由接头通到上胶器体内，推动双作用气缸内部的活塞反向运动，带动顶针后移，将喷嘴打开，使从胶缸流入上胶器体内的胶液流出，涂到卷烟纸上，完成涂胶。一旦停机，在电控系统的操纵下，喷胶嘴位移电磁阀控制双作用气缸正向动作，上胶喷嘴装置带着上胶喷嘴离开卷烟纸纸带，然后上胶器电磁阀关闭，作用在双作用气缸活塞上的压缩空气压力消失，在压缩弹簧回弹的作用下，内芯前移，活塞复位，推动顶针向前运动，封闭喷嘴，胶液停止外流，以防停机时胶液溢出，污染烟枪和布带。

　　尽管"吊瓶输液式"施胶量控制装置设备结构简单，调节、维修和保养方便，但是存在如下缺点：

　　1. 施胶量不稳定。由于受到胶体流动性、胶位高低差别等因素影响，致使喷胶嘴处胶液压力不稳，影响施胶量的稳定性。

　　2. 施胶量不可控。施胶量不随卷烟机车速变化而变化，操作者只能根据自己的经验和习惯进行调节。调查显示，这种方式的加胶量会高达 36mg/ 支，而研究证明这一施胶量远远高于实际需要。

　　3. 施胶均匀性、一致性差。施胶量调节全由操作者手动完成，很难做到各机台和不同班次施胶量一致。

　　（以上这些因素严重影响烟支质量的稳定性以及胶液的耗量指标。）

　　4. 胶缸位于机器上部，高度较高，人工添胶不方便，存在一定安全风险，且影响机器的整体美观。

二、齿轮泵同步施胶量控制装置

近年来，随着人们对卷烟搭口胶认识的不断提高，产品加工愈来愈精细化，人们逐步意识到了卷烟搭口胶对卷烟质量的影响，开始越来越重视对卷烟搭口施胶量的控制。齿轮泵同步施胶量控制装置开始逐步在高速机型卷烟机（例如 ZJ116、ZJ118、ZJ119、PROTOS M5 和 PROTOS M8 等）上推广应用开来。

齿轮泵同步施胶量控制装置由胶缸、齿轮泵、磁性联轴节、伺服电机和喷胶嘴（胶枪）等构成。在卷烟机机身后，胶枪位置的右下侧机身内部低位处放置有胶缸，容量为24 L，可保证 20 个小时的供胶量（见图 5-20）；齿轮泵位于喷胶嘴（胶枪）后上方的机身外，紧邻喷胶嘴（见图 5-21 和图 5-23）。胶缸、齿轮泵和机身上的胶枪由管道相连；伺服电机和齿轮泵通过磁性联轴节连接（见图 5-15 和图 5-22）。伺服电机的转速通过 PLC 控制系统与卷烟机车速同步，可随卷烟机生产车速的变化而变化，然后通过磁性联轴节带动齿轮泵转速加快或放慢来调节输送到喷胶嘴的搭口胶量。

施胶量控制系统由伺服控制器、PLC 可编程控制器、电位器等组成，伺服控制器、PLC 可编程控制器、电位器安装在卷烟机电控箱内。PLC 可编程控制器采集卷烟机车速信号并进行运算，然后向伺服控制器发送脉冲信号，伺服控制器接收到信号后控制伺服电机转速加快或放慢，齿轮泵的转速随之加快或放慢，从而控制施胶量。

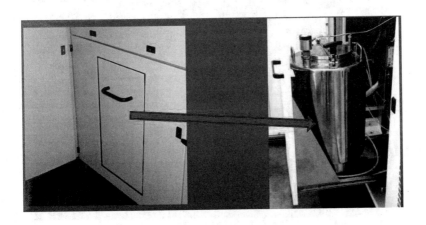

图 5-20　胶缸实物图

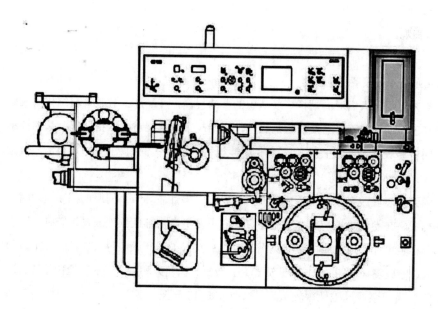

图 5-21　施胶装置在卷烟机上的位置示意图（涂灰部分）

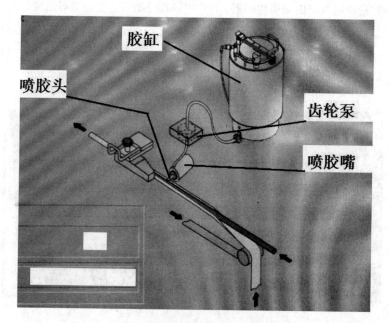

图 5-22　齿轮泵同步施胶量控制装置示意图

图 5-23　施胶装置实物图

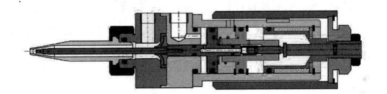

图 5-24　喷胶嘴结构示意图

齿轮泵同步施胶量控制装置的工作流程为：开机前，操作工先应用自接称重法测量并校准搭口胶施胶量。开机后，喷胶嘴复位，令喷胶嘴尖端胶液出口处与卷烟搭口接触；PLC 可编程控制器根据电位器设定的施胶量和卷烟机车速计算并控制齿轮泵伺服电机转速，从而控制齿轮泵泵出的胶液流量，胶液在齿轮泵的作用下，由胶缸输送到喷胶嘴的上胶器，上胶器电磁阀打开，压缩空气由接头通到上胶器体内，推动内部的活塞向后运动，带动顶针后移，将喷嘴（结构见图 5-24）打开，使从存胶装置流入上胶器体内的胶液流出，涂到卷烟纸上，完成涂胶。一旦停机，喷胶嘴后退，喷胶嘴尖端与卷烟纸脱离接触；PLC 可编程控制器控制伺服电机停止工作，齿轮泵停止泵胶，同时在电控系统的操纵下，上胶器电磁阀关闭，作用在活塞上的压缩空气压力消失，在压缩弹簧回弹的作用下，内芯前移，活塞复位，推动顶针向前运动，封闭喷嘴，以防停机时胶液溢出，污染烟枪和布带。

施胶量的设置与校准：在使用齿轮泵同步施胶量控制装置时，操作工只需在停机状态下按卷烟机电控箱上的手动供胶按钮，依照前面介绍的直接称重法接出搭口胶称重，计算实际施胶量，然后根据测量值调节电位器校准施胶量，开机后电位器就向 PLC 可编程控制器发送模拟信号，从而修正和控制搭口胶施胶量的大小。此时校准后的供胶量会自动记忆到 PLC 可编程控制器中。当卷烟机正常运转时，供胶量会随机速变化自动调节，不需要再对喷胶嘴顶针进行调整，也不需要重新修正施胶量，简化了操作过程。

在施胶量设置一致并进行有效修正的前提下，齿轮泵同步施胶量控制装置的供胶量控制模式确保了在不同机台、不同班次相同车速下单支烟支的施胶量控制的均匀一致，不同车速条件下，可以通过校准调节实现施胶量的一致，对胶量的控制由原来的经验调节转变为较精确的自动调节，减少人为因素对施胶量的影响。大大降低了乳胶消耗，节约了生产成本。单箱耗胶量平均值为 0.076 千克，即单支耗胶量为 1.52 mg/ 支，远远低于 36 mg/ 支的一般水平。

使用胶泵来强制供胶，解决原重力供胶方式压力不稳定，流量不均匀等问题，提高了供胶均匀稳定性，改善了烟支卷制质量及其稳定性，减少了爆口、溢胶等残次烟支的数量。变胶缸的高位操作为低位操作，避免了原高位操作的危险性，克服了原供胶装置加胶及维护不便的弊病。胶缸放置在机身内部，该处位置低，空间大，加胶和胶缸清理操作更方便，更安全。同时，24 L 大容量的胶缸可保证 20 个小时的供胶量，也大大降低了加胶工的加胶次数。简化了操作过程，系统运行过程中不需要频繁调节喷胶嘴（胶枪），从而延长了其使用寿命。

但该装置仍存在着每次开机时需校准施胶量等缺点，施胶量随车速的变化为线性而非等比例关系，导致卷烟机车速发生变化时，单支卷烟施胶量不一致的问题；且施胶量单位为 g/500 m 卷烟纸，不能直观显示单支施胶量，不利于试验研究和精细化调控。

三、智能控制供胶系统

针对现有卷烟机重力供胶系统施胶依靠胶水自身重力，通过调节喷胶嘴顶针来调节施胶量的大小，施胶量的大小受胶液位、卷烟机车速、操作工个人的喜好等影响，造成施胶不稳定，易出现爆口、溢胶和感官质量不稳定等不足，齿轮泵同步施胶量控制装置虽然解决了上述部分问题，但存在每次开机前需校准施胶量、施胶量与车速为线性而非等比例关系、不能直观显示单支施胶量等缺陷。技术人员又设计了智能控制供胶系统：

（1）采用齿轮计量泵定量均匀施胶，解决供胶不稳定、施胶量随胶液位和操作工个人喜好随意调节而出现的波动问题；

（2）采用伺服电机驱动和 PLC 智能控制器控制，施胶量可随车速变化而自动进行调节，施胶量与卷烟机车速为等比例关系，确保了不同车速条件下每支卷烟的施胶量均匀一致，解决了施胶量随车速变化而波动的问题；

（3）采用可视化操作触摸屏，可随时观察单支卷烟施胶量的大小及其均匀性，可任意设定单支卷烟施胶量大小，并可对施胶量进行修正以消除系统误差；

（4）由于齿轮计量泵采用耐磨、耐腐蚀材质，施胶量修正后，能够持续使用数月，不用每班开机前进行修正，克服了频繁修正的缺陷，系统具有自动清洗功能，降低了工人的劳动强度，提高了生产效率。

智能控制供胶系统的组成如图 5-16 和图 5-25 所示。系统由施胶泵、PLC 控制器、操作屏、胶缸、喷胶嘴等组成。胶缸是胶液的储存器，为系统提供胶液，胶缸可采用原重力供胶系统的胶缸，也可采用齿轮泵同步施胶量控制装置的后置式胶缸；PLC 控制器是系统的中枢，通过程序设计，系统实现了按设定值对每支卷烟准确均匀施胶，并与卷烟机车速等比例匹配；施胶泵是胶液输送的动力源，恒定转速的条件下泵出的胶量均匀一致，在 PLC 控制器的控制下，通过伺服电机实现供胶量与卷烟机车速等比例匹配，确保了每支卷烟的施胶量不随车速变化而改变；操作屏是操作可视化的窗口，可设定施胶量并完成相关操作，观察施胶量的大小及其均匀性，实现对施胶量的修正和进行系统自动清洗等操作；喷胶嘴完成对卷烟纸的涂胶。

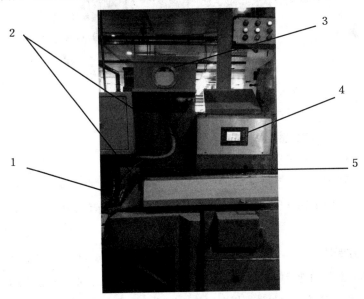

图 5-25　智能控制供胶系统实物

1—喷胶嘴；2—输胶管；3—胶缸；4—显示屏；5—施胶泵

（一）施胶泵

施胶泵是智能控制供胶系统的核心部件，安装于卷烟机喷胶嘴后方的平台上，进胶口与胶缸相连，出胶口与喷胶嘴相连，并与 PLC 控制器电连接，主要通过伺服电机驱动齿轮计量泵实现定量均匀施胶。

施胶泵主要由伺服电机、减速机、联轴器和齿轮计量泵等组成，见图 5-26。齿轮计量泵选用无脉动精密齿轮计量泵，泵体及内部齿轮采用耐磨、耐腐蚀材质，依次通过联轴器、减速机与伺服电机相连，在出口压力一定的前提下，给出一个施胶量设定值，在 PLC 控制器的控制下，伺服电机经减速机减速后，通过联轴器驱动齿轮计量泵均匀泵出胶液，且泵胶量可根据卷烟机车速进行精密调整。罩壳为不锈钢结构，将装置保护在一个封闭的环境中。

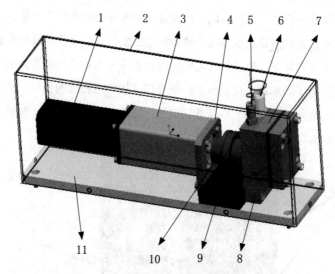

图 5-26　施胶泵组成及结构示意

1—伺服电机；2—防护罩；3—减速机；4—支座；5—出胶口；6—进胶口；

7—齿轮计量泵；8—泵座；9—定位板；10—联轴器；11—安装底板

（二）PLC 控制器

PLC 控制器是系统的神经中枢，与卷烟机主电机和施胶泵电连接，通过程序设计，实现按设定值准确均匀施胶，并与卷烟机车速等比例匹配。施胶量与车速的关系模型程序设计为 $Y=Kx$（其中为 x 车速，Y 为施胶量，K 为常数）。但由于卷烟机启动时车速很低（<2 000 支/min），若按设定比例供胶，此时的供胶量很低，胶水在卷烟纸上渗

透而风干，极易造成烟条爆口而跑条。为了实现卷烟机启动时烟支不爆口，将程序设计为当卷烟机车速低于3 000支/min时，施胶量为定值（3 000支/min时的施胶量），即设备启动时有一个基础供胶量，这样就保证了设备启动时能正常运行，不会出现质量缺陷。施胶量的值则是根据齿轮计量泵每次泵出的胶量推算而得。

（三）操作屏

操作屏为触摸屏。通过操作屏可实现参数设定和设备操作。操作屏的主界面见图5-27，可以在主界面上实现手动校验、系统运行启动、手动清理、参数设置、班次设定等相关操作，同时，主界面显示当前供料量及施胶量的标准偏差。

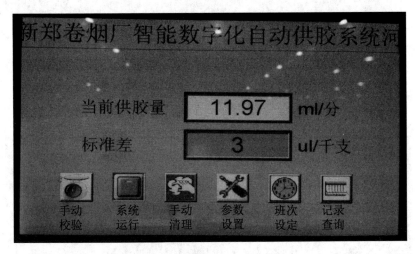

图5-27　操作屏主界面

手动校验主要是校验实测值和显示值之间的差异性，并对显示值和系统误差进行修正；手动清理主要是在卷烟机一天以上不使用时，对供胶系统进行自动清洗时使用。

点主界面"参数设置"后，会出现如图5-28的操作屏二级界面，可以进行供胶量、烟支长度、启动胶量补偿等相关参数设定。

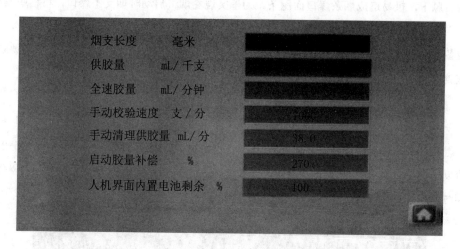

图 5-28　操作屏二级界面

点二级界面左下角并输入密码后，会出现如图 5-29 的操作屏三级界面，可以进行设备内置参数设定。本级界面由机械维修工程师进行操作。

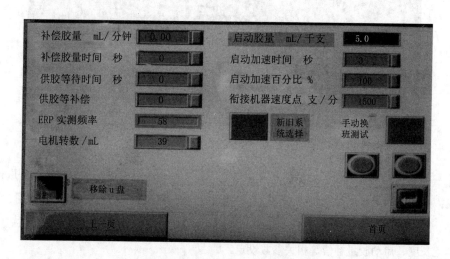

图 5-29　操作屏三级界面

同时，操作屏还可以进行班次设定（见图 5-30）和记录查询（图 5-31 和图 5-32）。

2014年8月19日13时45分3秒
甲班 0 时 30 分 —— 7 时 29 分
乙班 8 时 0 分 —— 16 时 29 分
丙班 16 时 30 分 —— 0 时 29 分

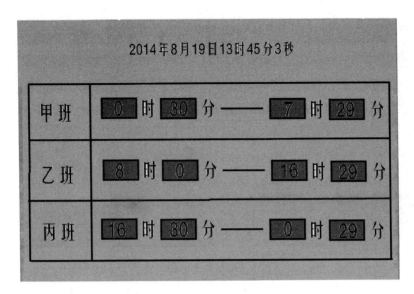

图 5-30　操作屏班次设定界面

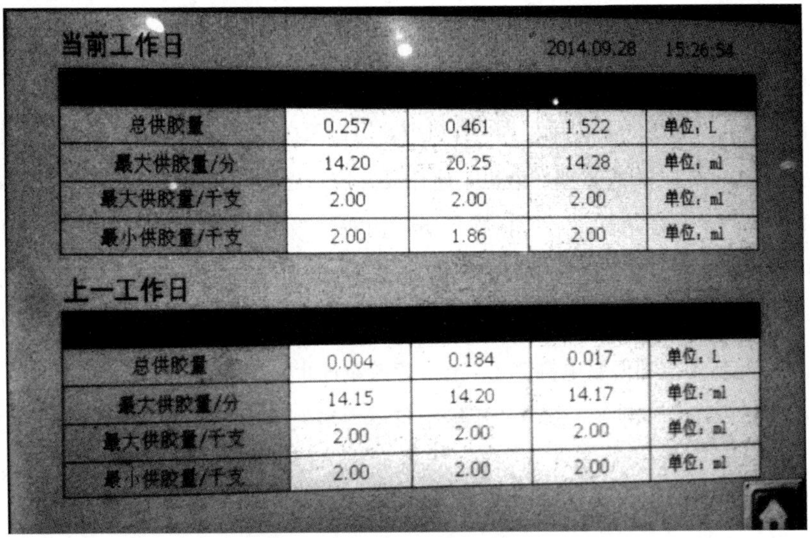

当前工作日
2014.09.28　15:26:54
总供胶量 0.257 0.461 1.522 单位：L
最大供胶量/分 14.20 20.25 14.28 单位：ml
最大供胶量/千支 2.00 2.00 2.00 单位：ml
最小供胶量/千支 2.00 1.86 2.00 单位：ml
上一工作日
总供胶量 0.004 0.184 0.017 单位：L
最大供胶量/分 14.15 14.20 14.17 单位：ml
最大供胶量/千支 2.00 2.00 2.00 单位：ml
最小供胶量/千支 2.00 2.00 2.00 单位：ml

图 5-31　操作屏班次记录查询界面

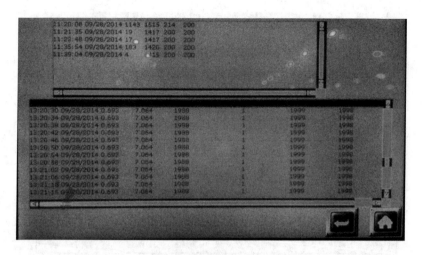

图 5-32　操作屏瞬时记录查询界面

（四）胶缸和喷胶嘴

　　胶缸和喷胶嘴原则上应用卷烟机上原装标配设备。胶缸也可选用齿轮泵同步施胶量控制装置的后置式胶缸；喷胶嘴一般选用孔口直径小于 1mm 的喷胶嘴，以利于卷烟搭口的准确施胶。

　　智能控制供胶系统的工作流程为：开机前，操作工在操作屏上设定施胶量，开机后，PLC 控制器根据设定的施胶量和卷烟机车速计算并控制齿轮泵伺服电机转速，从而控制齿轮泵泵出的胶液量，胶液在齿轮泵的作用下，由胶缸输送到喷胶嘴的上胶器，上胶器电磁阀打开，压缩空气由接头通到上胶器体内，推动内部的活塞向后运动，带动顶针后移，将喷嘴打开，使从存胶装置流入上胶器体内的胶液流出，涂到卷烟纸上，完成涂胶。一旦停机，PLC 控制器控制伺服电机停止工作，齿轮泵停止泵胶，同时在电控系统的操纵下，上胶器电磁阀关闭，作用在活塞上的压缩空气压力消失，在压缩弹簧回弹的作用下，内芯前移，活塞复位，推动顶针向前运动，封闭喷嘴，以防停机时胶液溢出，污染烟枪和布带。

第六章　卷烟接嘴胶

接嘴胶是指在卷烟生产中用于烟支接装滤棒所使用的一种卷烟胶，要求具有优异的粘接强度，颜色为白色或无色，且无毒、无异味。随着高速卷接机组的引入，目前国内卷烟行业多以 VAE（醋酸乙烯－乙烯共聚物）乳液作为卷烟接嘴胶使用。VAE 乳液具有初粘性强、黏合速率快、粘接强度高、流动性好和稳定性极佳等优点，同时能够确保接装过程持续稳定，获得质量稳定的卷烟产品。接嘴胶的质量和施胶量决定着烟支卷制的美观程度、原材料的消耗和设备有效作业率，而且卷烟滤棒直接与口腔接触，接嘴胶对卷烟的安全性有一定的影响；随着接装纸打孔技术的广泛应用，卷烟接嘴胶的质量和施胶量对卷烟的内在质量及其稳定性也会产生重要影响，因此，弄清楚接嘴胶的应用现状和发展趋势、施胶量的测定方法、对卷烟质量的影响以及施胶量的调控技术十分重要。本章将重点对其进行介绍。

第一节　应用现状及发展趋势

卷烟接嘴胶虽然不直接参与卷烟燃烧，但通过滤嘴和口腔接触，因此，对胶的成分和安全性要求也十分严格。卷烟接嘴胶的发展是伴随着卷烟搭口胶的发展而发展的。接嘴胶与搭口胶的成分基本一致，接嘴胶黏度和固含量略低于搭口胶，有时两种胶可以通用。

经过半个世纪，卷烟接嘴胶从最初的淀粉、糊精类天然胶粘剂逐步发展为人工合成的聚乙酸乙烯酯（PVAc）胶粘剂（白乳胶），目前可满足接装机高速运行要求的 VAE（醋酸乙烯－乙烯共聚乳液）胶粘剂体系正被广泛使用。

随着人们健康意识的增强，对绿色环保及卷烟胶质量标准的要求越来越严格，卷烟接嘴胶正向低毒、环保、高性能的方向发展，改性淀粉无疑是最佳选择。尽管近些年有很多学者致力于改性淀粉的研究，但真正能满足高速卷接机组生产的改性淀粉胶还很少。能满足生产线要求的还是以合成卷烟胶为主。

因此，今后的研究重点应放在以淀粉为主要原料，开发更有效的天然、无毒改性剂，使改性后的淀粉胶成为真实意义上的无害胶；提高原淀粉胶的乳液固含量，改善其初粘性，使其能够快速固化以适应高速卷烟机生产，实现真正意义的绿色环保。

第二节　施胶量的检测方法

为了减害降焦的需要，现在许多牌号卷烟的接装纸采用的是预打孔接装纸。在无胶区预定宽度一定的前提下，接装纸施胶量对预打孔接装纸的通风效果有一定影响：施胶量过大，胶液溢出至无胶区，使无胶区的有效通风面积变小，空气进入不畅，滤嘴通风率变小；施胶量过少，易导致接装纸上的胶层太薄，影响与滤棒、烟支的粘接。因此，在实际生产中需要对施胶量进行检测和控制。与卷烟搭口胶一样，在现有标准中，卷烟接嘴胶施胶量的检测方法目前还没有国家标准、行业标准或企业标准。操作工判断接嘴胶施胶量的大小全凭经验，通过观察涂抹到接装纸上胶膜的厚度或是观察接装纸与滤棒、烟支的粘接效果等进行判断；企业较为通用的卷烟接嘴胶施胶量估算方法是通过卷烟产量和用胶量来进行推算和粗略统计；也有企业通过精确称取施胶接装纸和对照样的干燥后重量，再根据接装纸定量和胶的固含量推算卷烟接嘴胶施胶量（即干物质推算法）；也可通过向接嘴胶中添加标志物，用添加标志物后的接嘴胶进行滤棒接装，通过检测接装纸空筒内标志物的量推算卷烟接嘴胶施胶量（即标志物测量法）；还有通过测量接嘴胶痕宽度折算施胶的。和搭口胶测定方法类似，通过卷烟产量和用胶量推算施胶量和通过测量接嘴胶痕宽度折算施胶量的方法过于粗放，精度太差。下面着重介绍两种卷烟接嘴胶施胶量的检测方法：标志物测量法和干物质推算法。

一、标志物测量法

目前，关于卷烟接嘴胶施胶量准确测定的研究较少。为准确测定卷烟接嘴胶施胶量，标志物法是一种首选的检测方法。标志物测量法是通过筛选确定卷烟接嘴胶测定的标志物。该标志物必须满足如下要求：第一，性能稳定，便于检测、检出限低且灵敏度高；第二，在接装纸、成形纸、滤棒和接嘴胶中含量极低或不含有；第三，应易溶于水，不和接嘴胶发生化学反应，能均匀分散在接嘴胶中，形成均匀且稳定的体系，对胶的性能和施加量无影响；第四，无毒无害，不影响卷烟感官质量。再根据最低检出限，确定标志物的添加量。将一定量的标志物均匀地掺配到卷烟接嘴胶中，用含有标志物的接嘴胶接装卷烟滤棒，继而进行卷烟烟支接装纸部分空筒（含接装纸和成形纸）中标志物的准确测定，从而实现对卷烟接嘴胶施胶量的准确测定，为设备点检、仪器标定、试验研究和卷烟接嘴胶施胶量控制提供技术支持。

（一）方法原理

将标志物添加于卷烟接嘴胶中，在正常生产条件下卷烟接装滤嘴，取出一定量卷烟样品，去除卷烟滤棒和烟丝。截取一定长度的接装纸空筒，经样品前处理后，测定接装纸空筒和卷烟接嘴胶中标志物含量，计算得到每支卷烟接嘴胶的施胶量。

（二）样品的制备

标志物法检测接嘴胶施胶量，首先要制备检测样品。样品制备主要包括含标志物的接嘴胶制备、卷烟样品制备和待测样品制备。

1. 含标志物的接嘴胶制备

选用 Zn^{2+} 为标志物，以葡萄糖酸锌（或氯化锌）的形式添加。将 10 g 葡萄糖酸锌（或氯化锌）用少量水溶解后，在不断搅拌（搅拌速度为 300 r/min 左右）条件下缓慢添加到约 500 g 接嘴胶中，放置过夜（12 h）以使标志物均匀分散于接嘴胶中；获得含标志物的接嘴胶样品。同时以同批次空白接嘴胶为对照样。

2. 卷烟样品制备

在卷烟机正常生产参数条件下，用含标志物的接嘴胶卷烟和接装滤嘴，获得含标志物卷烟样品；同时用同批次不含标志物的接嘴胶在相同条件下卷烟和接装滤嘴，获得对照卷烟样品。

3. 待测样品制备

每次取一支（或多支）含标志物卷烟样品和对照卷烟样品并除去卷烟样品中的滤棒和烟丝，分别准确截取 20 mm 长的含标志物卷烟接装纸空筒和对照卷烟接装纸空筒，同时称取 200 mg 含标志物的接嘴胶和 200 mg 不含标志物的空白接嘴胶，采用微波消解法进行处理获得各样品溶液，该溶液为待测样品。其中，微波消解法具体为：将接装纸空筒或接嘴胶等样品置于微波消解罐中，再加入 5 mL 浓硝酸（65%，优级纯，德国 Merck 公司）和 1 mL 双氧水（30%，德国 Merck 公司）进行微波消解，获得微波消解液；微波消解程序为：

$$30\,℃ \xrightarrow{10\,℃/min} 100\,℃(5\,min) \xrightarrow{5\,℃/min} 130\,℃(5\,min) \xrightarrow{10\,℃/min} 190\,℃(20\,min);$$

将微波消解液转移至 PET（聚对苯二甲酸乙二醇酯）塑料瓶中，用少量超纯水冲洗微波消解罐和盖子各 5 次，洗涤液移至 PET 塑料瓶中与微波消解液合并后，用超纯水定容至 50 mL，摇匀，即获得待测样品溶液。

（三）测定方法

采用 ICP-MS 法对待测样品溶液进行 Zn 元素的测定，选择 72Ge 为内标，测定质量数为 65 的 Zn 元素，ICP-MS 仪器条件见表 6-1。再依据公式（1）计算，即可得到每支卷烟中接嘴胶施胶量：

$$D = \frac{m(A_1 - A_2)}{n(B_1 - B_2)}$$

（1）

式中：D 为接嘴胶施胶量（mg/ 支）

m 为含标志物 / 对照卷烟接装纸段的实际长度（mm）

n 为截取的含标志物 / 对照卷烟接装纸空筒的长度（mm）

A_1 为含标志物卷烟接装纸空筒中标志物的含量（μg/ 支）

A_2 为对照卷烟接装纸空筒中标志物的含量（μg/ 支）

B_1 为含标志物接嘴胶中标志物的含量（μg/mg）

B_2 为空白接嘴胶中标志物的含量（μg/mg）

表 6-1　ICP-MS 仪器检测条件

仪器参数	参数值	仪器参数	参数值
射频功率 /W	1320	蠕动泵采集转速 /(r/s)	0.1
载气流速 /(L/min)	1.03	蠕动泵采集转速 /(r/s)	0.3
采样深度 /mm	6.7	蠕动泵提升时间 /s	30
雾化器	Babington	蠕动泵稳定时间 /s	45
雾化室温度 /℃	2	重复采集次数 / 次	3

该方法的关键是标志物的选取和与胶液的均匀混配。该方法的优点是测量结果准确，可以精确测量每支卷烟的接嘴胶施胶量，考察接嘴胶施胶的均匀性；其缺点是测量周期长，测量程序烦琐，操作有难度，不适合对卷烟接嘴胶施胶量进行快速检测。

二、干物质推算法

接嘴胶施胶量的测定，考虑到相对于搭口胶，其涂胶面积大，且其涂胶方式不同于搭口胶，利用直接称重法难以测量等因素，宜采用干物质推算法。

（一）方法原理

将一定长度加胶前和加胶后的接装纸置于烘箱中，在一定温度条件下干燥一定时间，准确称取和测量干燥后接装纸重量与面积，求得接装纸单位面积重量，由单位面积重量差和胶的固含量，测算出单支卷烟接嘴胶施胶量的平均值。

（二）测定方法

在正常生产中的卷接机组上取样，取样对象为尚未进入分切工序但已完成涂胶的接装纸，具体测定步骤如下：

1. 在卷烟接装机上，将接嘴胶上胶装置与切纸轮之间已完成涂胶的接装纸截取长度为 L 的样品条，L 为单支卷烟所用接装纸宽度 B 的若干倍。

2. 将所截取的样品条置于密封装置中，确保施胶面不与密封装置发生接触，同时截取相同长度 L 的同卷（或同批次）未施胶的接装纸作为空白样品条。

3. 将带胶样品条和空白样品条烘干后取出，立即放于干燥皿中自然降温至室温后分别称重，其中带胶接装纸样品条称重所得结果记录为 M_1，未施胶的空白接装纸样品条称重所得结果记录为 M_0。

样品的干燥条件是：在恒温干燥箱中进行干燥，干燥温度为 100℃～110℃，干燥时间为 2～4h。例如，100℃干燥 4h；105℃干燥 3h；110℃干燥 2h 等。

4. 接嘴胶蒸发剩余物（固含量）S 值可以预先测得，对于某一批次特定接嘴胶而言基本为固定值，因而根据下述公式（4）即可计算得到单支卷烟接嘴胶施胶量 M：

$$M = \frac{B \cdot (M_1 - M_0)}{2L \cdot S} \tag{4}$$

式中：M 为卷烟接嘴胶施胶量（mg/支）

M_1 为涂有胶液接装纸干燥后重量（mg）

M_0 为空白接装纸干燥后重量（mg）

L 为接装纸取样长度（mm）

S 为接嘴胶蒸发剩余物（固含量）（%）

B 为单支卷烟接装纸长度（mm）

该接嘴胶施胶量的测定方法，方便较快捷，相对于常用的消耗产出计算法、胶桶补胶测量法及接装纸跑片法等接嘴胶测定方法具有准确度高、更接近实际施胶量等优点，对于卷烟实际生产中施胶量控制具有良好的参考价值。但相对于标志物法其准确度较差，因为接装纸的克重和接嘴胶的固含量有一定波动，带来检测结果与实际值有一定差异。

第三节　对卷烟质量的影响

卷烟接嘴胶是卷烟生产过程不可缺少的重要卷烟材料，主要在烟支卷制时通过接装纸接装卷烟滤棒。卷烟接嘴胶虽不直接参与烟支燃烧，但由于其中含有多种化学成分，通过滤嘴与口腔直接接触，从而影响卷烟的安全性能。

随着消费者的健康意识不断提高，低危害卷烟已经成为烟草行业产品研发的主要方向。作为减害降焦的关键技术之一，卷烟接装纸打孔技术在国内外烟草行业得到了广泛应用，即通过特殊的工艺技术手段在卷烟接装纸上打上微小的圆形孔或其他形状的微孔，通过微孔引入外界气流，稀释抽吸过程中产生的主流烟气浓度，从而降低卷烟焦油量和减少危害。

打孔接装纸的微孔成型工艺主要包括在线打孔和预打孔两种。其中预打孔技术是在接装纸生产过程中，按照顾客需求对接装纸进行打孔，在接装设备上使用时，接装纸的微孔已经打好，所使用的接装纸透气度和孔数、孔型及孔径等参数已定，设备上胶部件采用间隔涂胶的方式避开打孔区域，即可完成卷烟接装纸的涂胶和卷烟的接嘴，成本较低，但是可控性较差。在接装纸上预打孔，涂胶方式为间隔涂胶，激光打孔区对应无胶区以便不堵塞接装纸上预先打的孔，使空气进入而稀释烟气，从而降低卷烟焦油量。在线打孔技术是在滤棒与烟支搓接后对滤棒外接装纸四周进行打孔，可以根据需要设定孔径、孔数、孔型等参数，可调节性较强，但是使用过程中，受激光衰减和在线烟沫、灰尘等影响，易出现通风率波动等问题。现在接装纸多数采用的是预打孔方式，尽管采用了间隔涂胶方式，激光打孔区对应无胶区，但接嘴胶施胶量的多少对卷烟的通风率还会产生一定影响，从而影响卷烟感官质量、物理质量和烟气成分；而施胶量过多或过少时，接装过程中，烟支接装纸部分易出现溢胶、粘连、爆口、翘边等质量缺陷。现有卷接机在卷烟过程中一般通过涂胶辊将胶盒中的接嘴胶涂抹到接装纸上完成施胶，通过调整胶辊间隙来控制接嘴胶的施胶量；操作工根据个人对施胶量多少的经验判断和喜好调整胶辊间隙，导致不同班次和机台施胶量均有较大差异。烟草科技工作者试图通过研究接嘴胶施胶量对卷烟质量的影响来确定合理的施胶量范围，通过开发接嘴胶施胶装置来实现对卷烟接嘴胶的准确控制。本节重点介绍接嘴胶施胶量对卷烟质量的影响。

一、对外观质量的影响

由于不同牌号卷烟接嘴胶的成分和生产工艺不同，粘接性能略有差异，对卷烟外观质量的影响也有差异。我们针对A接嘴胶、B接嘴胶、C接嘴胶三种胶，使用相同的接装纸、相同机台，以相同施胶量进行多次重复测试后，通过观察接嘴胶的上机表现以及烟支粘接质量，发现A接嘴胶优于B接嘴胶及C接嘴胶，性能良好（见表6-2）。

表6-2 不同接嘴胶的上机表现及烟支粘接质量

接嘴胶品牌	上机表现	粘接质量
A	3小时内运行平稳，无甩胶，胶垢正常	接装纸粘接良好，搭口处无翘边，纸张剥离痕迹明显，成型质量好
B	3小时内因胶垢停机1次，切纸轮及搓接轮、搓板处胶垢较多，停机清洁后运行正常	接装纸粘接良好，搭口处无翘边，纸张剥离痕迹明显，成型质量较好
C	3小时内运行正常，无甩胶，胶垢稍多	烟支成型质量一般，接装纸搭口处涂胶不匀，有翘边

施胶量的多少对卷烟外观质量也有影响。选用A接嘴胶为研究对象，发现接嘴胶施胶量的大小对卷烟外观质量和粘接性能有影响：当接嘴胶施胶量为10mg/支时，烟支质量好，粘接性能好；施胶量降至8mg/支时，粘接性能及烟支外观质量明显变差。这是因为施胶量偏小时，所涂胶层薄，胶液干燥速度快，在接装纸与滤棒成形纸、卷烟纸未搓接之前已失去流动性，对纸张纤维的渗透不足，粘接效果差。施胶量增加至12mg/支时，出现了溢胶现象，烟支外观质量明显变差。由于施胶量过大，接装纸与滤棒成形纸、卷烟纸搓接时，纸张表面残留的胶液较多，多余的胶液从纸张贴合边缘处溢出，污染切纸轮刀片和辊轮，胶垢累积后，影响设备正常运行。同时，涂胶量过多时，接嘴胶不易干燥，粘接面不能实现有效粘接，接装纸与滤棒成形纸、卷烟纸搓接时，在搓接剪力的作用下易发生滑移，出现接装纸皱纹，影响烟支外观质量（见表6-3）。

表6-3　接嘴胶不同用量的上机表现及烟支粘接质量

施胶量	上机表现	粘接质量
8mg/支	通风率偏大；烟支剔除率高，残烟中泡皱烟较多	接装纸与滤棒成形纸有明显未粘连情况，掉嘴漏气烟支较多，有翘边烟支，成型质量差
10mg/支	3小时内运行平稳，无甩胶、胶垢，设备运行正常	接装纸粘接良好，搭口处无翘边，纸张剥离痕迹明显，成型质量好
12mg/支	3小时内停机三次，溢胶及胶垢严重	部分烟支接装纸有皱纹和溢胶，成型质量差

由此可见，不同品牌的接嘴胶和施胶量的大小对卷烟外观质量及接装效果有影响，因此，在选用接嘴胶时，要根据不同接装纸的性能选用适宜的接嘴胶；调节适宜的施胶量有利于改善卷烟的外观质量和接装效果。

二、对卷烟物理质量的影响

接嘴胶的种类和施胶量的多少不仅对卷烟外观质量产生影响，而且对卷烟物理质量也产生影响，影响是多方面的，主要表现在对卷烟通风率的影响上。施胶量过低，滤棒粘接不牢，易出现掉嘴、漏气等现象；施胶量过高，会出现溢胶等现象，影响接装纸的有效通风面积，从而影响卷烟的通风率。实验结果表明，不论是什么牌号的接嘴胶，当接嘴胶施胶量达到一定值后（例如10mg/支），卷烟的总通风率明显降低（见表6-4）。

表6-4　接嘴胶不同施胶量所卷制烟支物理质量检测结果

接嘴胶品牌	施胶量 mg/支	单支重量（g）	单支重量标准偏差（mg）	吸阻（pa）	吸阻标准偏差(pa)	硬度（%）	圆周（mm）	总通风率（%）
A	6	0.901 9	22.7	107 6	30	70.2	24.30	22.32
	8	0.902 1	21.7	106 8	34	68.9	24.37	22.54
	10	0.901 5	22.3	107 4	32	70.1	24.29	20.67
	12	0.901 8	19.7	108 2	33	69.7	24.31	17.58

接嘴胶品牌	施胶量 mg/支	单支重量 （g）	单支重量标准 偏差（mg）	吸阻 （pa）	吸阻标准 偏差（pa）	硬度 （%）	圆周 （mm）	总通风 率（%）
B	6	0.904 1	22.7	988	35	69.53	24.28	25.61
	8	0.906 0	20.9	984	33	69.22	24.27	25.07
	10	0.909 1	21.9	986	36	69.27	24.29	22.71
	12	0.907 9	22.3	996	34	69.38	24.28	19.81
C	6	0.899 7	22.2	110 8	40	70.9	24.34	19.82
	8	0.900 5	21.1	113 5	45	71.4	24.28	19.39
	10	0.898 9	22.0	112 4	42	71.5	24.31	17.74
	12	0.899 0	22.2	114 5	43	71.3	24.30	14.19

影响卷烟总通风率的因素较多，与接嘴胶有关的主要有以下几个方面：

（一）接装纸有效通风面积

滤嘴通风卷烟是通过改变接装纸预打孔透气度和有效通风面积来控制通风率大小的，在接装纸预打孔透气度稳定的前提下，卷烟滤嘴中卷烟纸有效通风面积对通风率影响较大。

影响接装纸有效通风面积的因素主要有无胶区面积和搭口溢胶宽度，在一定条件下，无胶区面积越小，接装纸有效通风面积越小；搭口溢胶宽度越大，接装纸有效通风面积越小。

1. 无胶区面积

接装胶胶辊设计时已限定了无胶区宽度和搭口宽度，目前多数卷烟企业已统一了胶辊的无胶区宽度（例如7mm），却没有规定无胶区的长度，因此存在无胶区长度不一致的问题。卷烟接装纸除了表面涂胶外，为了烟支外形美观——不翘边，接装纸搭口部分也会涂胶粘接，当接装纸搭口宽度较窄时，无胶区长度就较长，无胶区面积相对就较大。不同无胶区长度的接装纸样品有效通风面积如图6-1和图6-2所示。无胶区长度越长，堵孔越少，接装纸的有效通风孔数也就越多，相同条件下，卷烟通风率也就越高。

图 6-1　样品 1 无胶区面积 20mm×7mm

图 6-2　样品 2 无胶区面积 18mm×7mm

2. 接装纸搭口溢胶宽度

烟支接装纸搭口处产生溢胶时，会导致接装纸通风孔被堵（见图 6-5 和图 6-3），从而造成总通风率和滤嘴通风率不同程度的降低，影响总通风率和滤嘴通风率的稳定性。为此，科研工作者采用粘贴堵孔的方式，模拟接装纸搭口溢胶现象，测试不同宽度粘贴堵孔前后的卷烟通风率，考察了接装纸搭口溢胶现象对卷烟通风率的影响：

（1）堵孔宽度对烟支通风率的影响

随着搭口宽度的增大，堵孔宽度也随之增加，卷烟总通风率和滤嘴通风率均呈逐渐下降趋势，总通风率降低的幅度稍小于滤嘴通风率降低的幅度（见表 6-5）。总通风、嘴通风的降低数值随着堵孔宽度的增加呈线性增加。其中总通风率的影响规律公式：

$y = 0.4994x - 0.028 (R^2 = 0.965)$，滤嘴通风率影响规律公式 $y = 0.545x + 0.002 (R^2 = 0.950)$。即堵孔宽度每增加 1mm，烟支的总通风率降低量约 0.50%，滤嘴通风降低量约 0.55%（见图6-3）。

表6-5　不同堵孔宽度对通风率的影响

堵孔宽度 mm	总通风 %			滤嘴通风 %		
	空白样	堵孔后	差值	空白样	堵孔后	差值
1	21.03	20.47	-0.56	13.4	12.77	-0.63
2	20.31	19.47	-0.84	13.25	12.23	-1.02
3	20.41	18.77	-1.64	12.98	11.19	-1.79
4	20.38	18.51	-1.87	12.92	10.85	-2.07
5	21.45	19.21	-2.24	13.53	11.16	-2.37
6	21.5	18.33	-3.17	14.03	10.45	-3.58

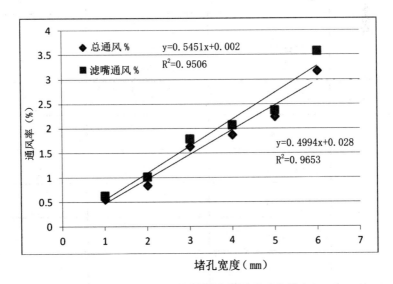

图6-3　不同堵孔宽度对通风率影响

（2）堵孔个数对通风率的影响

随着搭口宽度的增大，堵孔个数也随之增加，卷烟滤嘴通风率和总通风率随堵孔个数增加大致呈线性增加，总通风率变化斜率为0.19，滤嘴通风率斜率为0.20，即每堵一个通风孔，烟支总通风率下降0.19%，滤嘴通风率下降0.20%（见表6-6和图6-4）。

表6-6　不同堵孔个数对烟支通风率的影响

堵孔宽度（mm）	堵孔个数（个）	总通风变化（%）	滤嘴通风变化（%）
1	4	0.4	0.4
	4	0	0
	2	-0.2	0.2
	4	0.3	0.3
	4	0.2	0.3
2	6	0.8	0.7
	6	0.6	0.6
	6	0.4	0.4
	6	0.5	0.5
	6	0.6	0.9
3	11	1.7	1.7
	12	1.6	1.7
	11	1.4	1.5
	10	1.4	1.6
	10	1.3	1.2

堵孔宽度（mm）	堵孔个数（个）	总通风变化（%）	滤嘴通风变化（%）
4	10	1.4	1.5
	12	1.4	1.4
	13	1.3	1.4
	12	1.7	1.9
	10	1.3	1.5
5	12	2.1	2.1
	12	2.1	2.5
	14	1.9	2.1
	14	1.6	1.7
	14	1.8	2
6	17	3	3.3
	16	2.5	3.1
	16	3.2	3.3
	17	2.5	2.9
	17	2.9	3

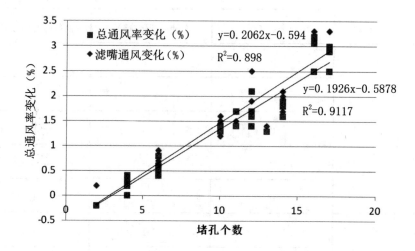

图 6-4　不同堵孔个数对总通风和滤嘴通风的影响

（二）接装纸有效通风面积稳定性

1. 接装纸胶辊的安装精度

在接装纸胶辊安装过程，需要调整接装纸搭口宽度至两边平分，此时搭口为最小宽度且每支烟均匀稳定，接装纸有效通风面积也就均匀稳定；搭口两边不平分时就会导致部分接装纸搭口宽度增加，另一部分接装纸搭口宽度变窄，接装纸搭口处的激光孔被胶液堵塞有些多有些少，有效通风面积有些大有些小，造成通风率不稳定。所以胶辊的安装精度直接影响接装纸搭口宽度的稳定性，从而影响通风率的稳定性。样品测试结果见图 6-5 和图 6-6：

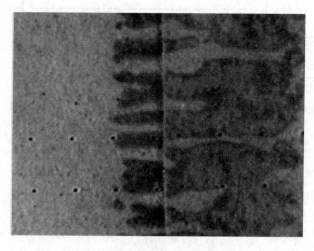

图 6-5　样品 1 搭口宽度较宽图

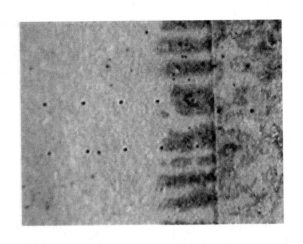

图 6-6　样品 2 搭口宽度较窄图

2. 接装纸与胶辊无胶区对位精度

胶辊无胶区与接装纸孔线的对位，主要通过微调震荡辊，依据经验目测对比进行修正。当胶辊无胶区与接装纸孔线的对位调整不到位时，接装纸打孔线没有在胶辊的无胶区居中位置，激光孔就有被胶液堵塞的风险；另外，接装纸张力不稳定时，烟支会出现接装纸长短不一致现象，此时接装纸孔线与胶辊上无胶区的相对位置就会发生上下偏移，导致有些烟支激光孔被堵，从而引起烟支通风率不稳定。

3. 接嘴胶施胶量稳定性

接装纸的施胶量的大小取决于胶槽深度和胶辊间隙。例如某些牌号卷烟的接嘴胶胶槽深度为 0.025mm，正常生产时胶层的理论最大厚度为 0.025mm。胶槽深度确定后，主要通过调整胶辊间隙来调节施胶量。现在主要依据卷接外观质量对接嘴胶施胶量进行调节，施胶量的大小主要取决于接装纸、成形纸的湿润性及接嘴胶的性能，同时还与操作工的操作习惯有关。接嘴胶施胶量过少时，容易出现漏气、粘接不牢等现象，造成通风率过大；施胶量过多时，则会产生溢胶导致堵孔，造成通风率降低。经验显示，接装纸施胶量每增大 5.42mg/ 支，烟支总通风率绝对值约减小 2.96%，影响比较明显。

三、对卷烟感官质量的影响

由前面的分析我们可知，接嘴胶施胶量主要对卷烟总通风率和滤嘴通风率有影响。而卷烟的通风率决定着进入口腔中烟气的多少，对卷烟的感官质量会产生影响。A、B、C 接嘴胶的试验结果表明，三种接嘴胶的影响规律一致，接嘴胶施胶量为 10mg/ 支时，卷烟感官质量总体上最佳，与施胶量为 6mg/ 支样品相比，施胶量为 8mg/ 支样品的香气量、烟气浓度、干净程度增加，其余指标差异不明显；施胶量为 10mg/ 支样品的香气量、烟气的丰满程度、浓度、干净程度和甜度增加，劲头和刺激性降低，其余指标差异不明显；施胶量为 12mg/ 支样品的杂气、刺激性显著增大，余味显著变差，烟气浓度增大，其余指标差异不明显（见表 6-7）。

表 6-7　接嘴胶不同施胶量的卷烟感官质量

接嘴胶品牌	施胶量 mg/ 支	感官质量												
		香气质	香气量	丰满程度	杂气	浓度	劲头	细腻程度	成团性	刺激性	干燥感	干净程度	甜度	余味
A	6	—	—	—	—	—	—	—	—	—	—	—	—	—
	8	0	+1	0	0	+1	0	0	0	0	0	+1	0	0
	10	0	+1	+1	0	+1	+1	0	0	+1	0	+1	+1	0
	12	0	0	0	-2	+1	0	0	0	-2	0	0	0	-2
B	6	—	—	—	—	—	—	—	—	—	—	—	—	—
	8	0	+1	0	0	+1	0	0	0	0	0	+1	0	0
	10	0	+1	+1	0	+1	+1	0	0	+1	0	+1	+1	0
	12	0	0	0	-2	+1	0	0	0	-2	0	0	0	-2
C	6	—	—	—	—	—	—	—	—	—	—	—	—	—
	8	0	+1	0	0	+1	0	0	0	0	0	+1	0	0
	10	0	+1	+1	0	+1	+1	0	0	+1	0	+1	+1	0
	12	0	0	0	-2	+1	0	0	0	-2	0	0	0	-2

注：各组卷烟采用对比评吸方式进行评价，均以施胶量 6mg/ 支作为参照样，其他样品与其对比。变化不明显用"0"表示，变好（或差）用"+1（或 -1）"表示，显著变好（或差）用"+2（或 -2）"表示，劲头增大记负分，减小记正分

四、对主流烟气成分的影响

接嘴胶施胶量对卷烟烟气成分有一定影响，施胶量较小时，主流烟气成分的变化不明显，当施胶量达到一定值（例如 10 mg/支）后，焦油量、烟碱量和 CO 量均有增大的趋势（见表 6-8）。这是因为施胶量过大时，会出现溢胶现象，堵塞了部分通风孔，降低了有效通风面积，烟气稀释程度减弱，主流烟气成分增大。

表 6-8　接嘴胶不同施胶量所卷制卷烟的主流烟气成分

接嘴胶品牌	施胶量 mg/支	单支重量 (g)	抽吸口数 （口/支）	总粒相物 （mg/支）	焦油量 （mg/支）	烟碱量 （mg/支）	CO 量 （mg/支）
A	6	0.901 9	6.6	13.02	10.1	0.94	11.2
	8	0.902 1	6.7	12.74	10.5	0.96	10.9
	10	0.901 5	6.5	13.62	10.8	0.99	11.4
	12	0.901 8	6.6	14.05	11.5	1.32	11.9
B	6	0.904 1	6.4	9.09	7.4	0.72	8.6
	8	0.906 0	6.3	9.12	7.5	0.72	8.7
	10	0.909 1	6.3	9.36	7.8	0.73	8.8
	12	0.907 9	6.3	9.98	8.2	0.78	9.2
C	6	0.899 7	6.5	12.07	10.1	0.95	11.5
	8	0.900 5	6.5	11.96	9.7	0.91	10.6
	10	0.898 9	6.4	12.20	10.3	0.98	11.8
	12	0.899 0	6.5	12.84	11.1	1.08	12.2

第四节　接嘴胶施胶装置

卷烟接嘴胶施胶量对卷烟的外观质量、物理质量、主流烟气成分和感官质量都有一定的影响。"国家利益至上，消费者利益至上"一直是我们的行业共同价值观和基本原则，为了满足消费者的需求，提高和稳定卷烟产品质量是我们不懈的追求，因此，优化和控制接嘴胶施胶量，从而提高和稳定卷烟质量十分必要。如何对接嘴胶施胶量进行控制呢？现有的接装机（MAX）卷烟纸接嘴胶施胶，多采用的是双胶辊的施胶方式，这种施胶方式存在诸多缺陷，主要有：第一，不同机台或同一机台不同班次施胶量存在较大差异；第二，施胶量随着胶盒储胶区中胶液料位的变化而变化；第三，施胶量随着控胶辊和涂胶棍间隙的变化而变化，造成施胶量不稳定。少数企业的部分机台接嘴胶施胶采用喷嘴喷胶的方式对接装纸进行施胶，该施胶方式克服了传统双胶辊施胶方式施胶量随胶盒储胶区中胶液料位和控胶辊与涂胶棍间隙的变化而变化的缺陷，采用计量泵对施胶量进行控制，施胶量均匀性和稳定性问题得到了较好的解决。

为了控制施胶量，使得施胶均匀稳定，科技工作者进行了大量努力，并且取得了很好的应用效果。

李爱敏等仿照PROTOS 70的供胶模式对YJ24型接装机接装纸供胶装置进行了改进（见图6-7），克服了原供胶装置零件更换频繁、刚性不够、运行不平稳、胶液循环使用造成的胶液质量下降、不能集中供胶、存在较严重的甩胶现象、供胶电机与胶泵电机连续运转造成的胶辊磨损严重和能耗高等问题。

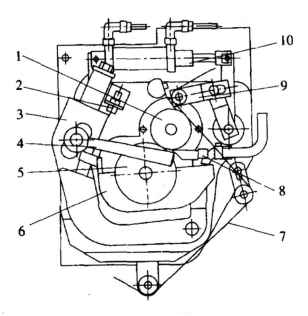

图 6-7　改进后的接嘴胶供胶装置简图

1—控胶辊；2—接近开关；3—转臂；4—手柄；5—供胶辊；6—胶缸；

7—水松纸；8—液面探测器；9—抬纸臂；10—气缸

　　陈瑜等结合 PASSIM 与 PROTOS 供胶系统的优点，设计了新型 PASSIM 卷接机组胶池式供胶系统，通过增设胶池、改进上胶器、增设三级刮胶装置和胶位检测器等，实现了连续、稳定和清洁供胶，杜绝了漏气和掉嘴烟支产生，保证了产品质量。

　　引入 PROTOS 供胶系统胶池式上胶技术，接装纸供胶由胶泵直接向上胶器循环送胶的一级供胶改为胶泵向胶池送胶，然后胶池向控胶辊送胶的二级供胶方式，解决了连续供胶时存在的间歇断流现象（见图 6-8）。为实现二级胶池式供胶，对控胶辊、上胶器支架、传动齿轮、胶池和胶池定位机构进行了改造设计（见图 6-9）。第一，控胶辊要满足各种宽度规格接装纸，具有良好的同步性以满足激光打孔等各类型接装纸的上胶要求。第二，对控胶辊和上胶辊的相对位置以及与其他部件的配合位置重新定位，使控胶辊能够粘附起胶池内的胶水向上胶辊供胶，同时保证上胶辊与接装纸相对位置配合。上胶器支架仍然使用碟簧垫圈调整胶量，保持了原胶量调整方便的优点。第三，由于控胶辊直径已改变，为了使控胶辊的运行线速度与接装纸运行线速度保持一致，对控胶辊齿轮传动比和传动齿轮进行了重新设计。第四，胶池主要是向控胶辊提供胶水，在一级供胶未供应胶的情况下，胶池能连续向控胶辊供应 5min 的胶水。第五，胶池定位机构将胶池定位于控胶辊下，与控胶辊保持适当距离。为了操作方便设计了胶池升降机构，通过旋转提升手柄使胶池上升，并将胶池自动定位。当需要清洁保养胶池时，反方向旋转提升手柄使胶池下降，即可拆卸。

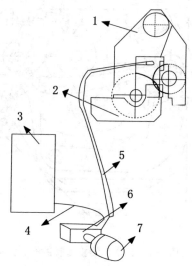

图 6-8　改进后 PASSIM 供胶系统示意图

1—上胶器；2—胶池；3—胶桶；4—吸胶管；5—送胶管；6—胶泵；7—电机

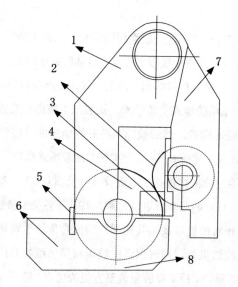

图 6-9　改进后二级供胶结构示意图

1—外支架；2—上胶辊；3—刮胶定位器；4—控胶辊；

5—左侧刮胶块；6—胶池；7—内支架；8—刮胶条

胶池在向控胶辊供胶过程中，胶水被控胶辊翻动，会出现飞溅现象。为此设计了三级控胶装置防止胶水飞溅，主要包括3个部分：第一，一级控胶是指在控胶辊下方与胶池最短距离位置的胶池底部，设计一个与控胶辊平行的刮胶条，以降低胶水在胶池中的流动速度；第二，二级控胶是指在控胶辊左侧设计一个控胶器，再次降低胶水流速，并控制胶辊胶量，防止胶水飞溅；第三，三级控胶是指在控胶辊和上胶辊两端各安装一个定位刮胶器，防止胶水飞溅以及控胶辊和上胶辊轴向窜动，保证1mm无胶区位置不移位。利用二级供胶方式消除胶水中的气泡群后，采用三级控胶装置能够稳定胶水在胶池内的流动，保持胶水水分，减少尘埃进入胶水。在空间组合设计上，在满足从两辊端面刮下的胶水可以安全返回胶池的前提下，尽量使胶池左侧距离宽一些，使左侧有更多的胶水处于相对平静状态，表面自然结皮，与空气隔绝。通过以上措施，能够使胶池内的胶水在24h运行中不干燥，持续保持胶水的物理性能，克服了仿PROTOS供胶系统胶池内胶水易干的缺点。

通过在胶池上安装一个胶位检测器，并将该检测器信号输入PLC控制器，由PLC程序指令控制胶泵系统自动供胶，即可使胶池胶位始终保持在设定的5～10mm范围内。

在新增了胶池和升降机构后，为使新部件与原空间协调匹配，改变了原拉纸辊前导辊和胶池下方的导纸辊位置，使其接触不到胶池，并调整了胶前烙铁位置。

通过以上系列改造，不仅解决了原供胶系统存在的问题，还保持了原PASSIM供胶系统操作维修方便的优点。

黎阳等将胶堆光电检测器置于胶箱外而研制了一种接装机供胶装置（专利号ZL 201220296702.5），该装置主要由胶箱外的胶堆光电检测器、箱体、箱体内的上胶辊、下胶辊、胶缸、胶缸光电检测器和驱动装置等组成（见图6-10）。

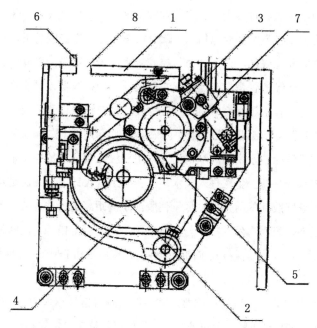

图 6-10　接装机供胶装置结构示意图

1—箱体；2—下胶辊；3—上胶辊；4—胶缸；5—胶缸光电检测器；

6—胶堆光电检测器；7—驱动装置；8—观测窗

　　该装置的特点是将堆光电检测器设置在箱体的外面，采用激光反射式光电检测器，具有检测距离长，工作稳定性高，不受工作环境影响等优点。

　　莫海亮在接装胶施胶装置的胶箱外加装了一套控温装置，设计了新型的接装胶施胶装置（专利号 ZL201420164840.7）。该装置主要由胶箱外的控温装置、箱体、箱体内的上胶辊、下胶辊、胶缸、胶缸光电检测器和驱动装置等组成（见图6-11）。该装置的特点是在箱体的外面设置一套控温装置，夏天对两胶辊进行降温，冬天对两胶辊进行升温，使胶辊始终处于适宜的温度状态下，保证了接装纸表面均匀施胶。

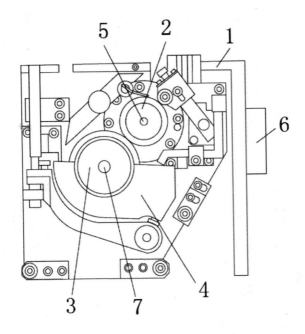

图 6-11　温控接装机供胶装置结构示意图

1—箱体；2—上胶辊；3—下胶辊；4—胶缸；

5——号辊轴；6—控温装置；7—二号辊轴

为解决 ZJ116 卷接机组接装纸涂胶装置在设备高速运行过程中，两个胶辊之间的挤压对滚以及胶堆与胶辊之间的摩擦产生的热量，导致接嘴胶的温度升高，胶水的黏度会随着温度的升高而降低，从而直接影响到接装纸的粘接效果，造成烟支在搓接时出现漏气等缺陷，影响卷烟品质等问题，潘恒乐等设计了一种接嘴胶冷却装置，该冷却装置主要由胶水室、弹簧、活塞阀、挡块以及各种管接头组成（见图 6-12）。工作原理：当设备正常工作时，压缩空气从插入式螺纹管接头进入压缩空气通道 C，到达活塞的下部，推动活塞上移，打开胶水室的出胶通道。此时胶水在胶水电机的作用下通过进胶管接头进入出胶通道中，带有一定压力的胶水通过挡块与出胶口形成的 0.5mm 宽的出胶缝隙均匀进入胶辊之间，胶水电机采用伺服电机，根据设备运转速度来控制供胶速度，这样既保证胶辊能均匀上胶，又避免胶辊之间形成多余的胶堆。同时在机器正常运行时，从 ZJ116 型卷接机组的水冷系统接入的冷却水，冷却水通过进水管接头进入胶水室，通过冷却水循环通道 A 和 B 之后，从回水管接头回到机器的水冷系统中，形成冷却水循环，实现对胶水室的热交换，进行冷却降温，从而降低与胶水室接触的接嘴胶温度。当设备停止运行时，胶水电机停止胶水供给，压缩空气从插入式螺纹管接头进入压缩空气通道 D，到达活塞的上部，推动活塞下移，关闭胶水室的出胶通道，设备的水冷系统将同时停止冷却水循环。压缩弹簧的作用在于机器出现断电断气等意外情况时推动活塞下移，关闭出胶口。该装置通过水冷系统和胶水的定量均匀供给，有效地降低了接嘴胶的温度，提高了烟支搓接质量，降低了原辅材料的损耗，提高了设备的运行效率。

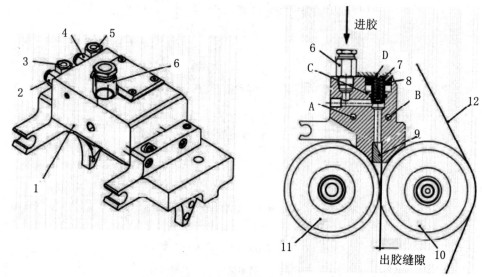

图 6-12　接嘴胶冷却装置

1—胶水室；2—插入式螺纹管接头；3—进水管接头；4—插入式螺纹管接头；5—回水管接头；

6—进胶管接头；7—弹簧；8—活塞；9—挡块；10—涂胶辊；11—控胶辊；12—接装纸；

A、B—冷却水循环通道；C、D—压缩空气通道

　　以上这些装置尽管对原有装置进行了改善，但仍然改变不了胶辊供胶的缺陷，不能根据需要设定施胶量，从而实现均匀、稳定施胶。

　　孙斌等设计了一套新型接装纸上胶装置，该装置主要由胶水通道、胶水分配盘、控制阀芯和喷嘴板等组成（见图6-13）。工作原理：胶水由胶水泵从胶缸泵送至胶水腔室，胶水泵由伺服电机驱动。在胶水腔室内控制阀芯对各涂胶喷嘴进行供胶控制，控制阀芯的回转使输送通道周期性地打开和关闭，与之相连的涂胶喷嘴也周期性地喷涂和中断，各涂胶喷嘴的开关不一定同步，但控制阀芯的回转必须与接装纸运行速度同步。接装纸被送到喷嘴板的弧形导向面（见图6-14）上，通过弧形导向面送往涂胶喷嘴，由于每个涂胶喷嘴对应于接装纸宽度上的不同区域，因此可以在接装纸上周期性地涂覆所需的胶

水图案（例如无胶区）。胶水泵输送的胶水压力可以调节，胶水压力与胶水量及接装纸的运行速度有关，可以根据不同胶水的特性和设备的运行速度动态地调整胶水压力，以得到高质量的胶水图案。当检测到接装纸有接头或机器停止工作时，控制阀芯使所有涂胶喷嘴供胶中断，胶水就不会从涂胶喷嘴喷涂到接装纸上，因此抬纸辊也无须将接装纸抬离涂胶喷嘴，从而使接装纸输送更平稳和可靠。该装置接装纸上胶均匀，胶水图案清晰，运行稳定可靠，与传统的胶辊涂胶方式相比具有以下特点：第一，接装纸所涂覆胶水层厚度可通过控制系统动态调整；第二，在本装置中胶水始终处于封闭的腔室中，避免了胶水干结，因此可以保证机器长时间停机后也能快速启动；第三，接装纸规格变换时只需更换相应规格的喷嘴板，操作维护方便；第四，在高速运行时仍能达到理想的涂覆效果。

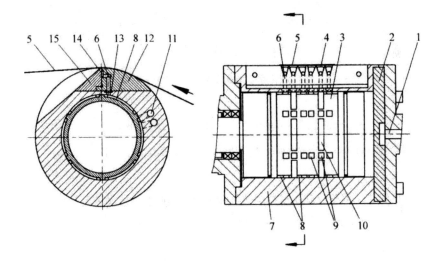

图 6-13　喷胶嘴式接装纸施胶装置结构图

1—胶水通道 1；2—胶水分配盘；3—控制阀芯；4—喷嘴；5—接装纸；

6—胶水通道 2；7—外壳；8—胶水腔室；9—凸起工作面 1；10—凸起工作面 2；

11—胶水通道 3；12—喷嘴板；13—密封圈；14—凹槽；15—盖板

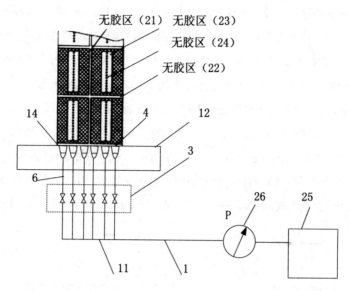

图6-14　喷胶式施胶量控制装置工作原理示意图

1—胶水通道1；3—控制阀芯；4—喷嘴；6—胶水通道2；

11—胶水通道3；12—喷嘴板；14—凹槽；25—胶水容器；26—胶水泵

　　下面重点就传统双胶辊施胶量控制装置和喷胶式施胶量控制装置两种控制方式加以介绍。

一、传统双胶辊施胶量控制装置

　　传统双胶辊施胶量控制装置是目前应用最为广泛的一种接嘴胶施胶量控制装置，由于其设备结构简单，调节、维护和保养方便，受到多数卷烟厂的青睐。该装置主要由5部分构成：胶缸、输胶泵、输胶管、胶槽、施胶辊（见图6-15）。

　　胶缸位于接装机机身右后方，卷烟机与接装机交接处，胶缸为长方体结构，一般上部或底部设有滤网，用来过滤胶液中的颗粒等杂质，胶缸的上面盖有盖子，防止烟沫等杂物进入胶液中。

　　输胶泵位于接装机机身右后方，紧邻胶缸附近，多为齿轮泵，主要功能是将胶液从胶缸泵送到施胶辊下的胶槽中。

　　输胶管为塑料软管，连接在胶缸、输胶泵和胶槽之间，用来输送胶液。

　　胶槽为施胶辊下方用于存放胶液的槽型容器，控胶辊浸在胶槽中，其凹槽将接嘴胶带出并涂到涂胶辊表面上，然后涂胶辊随着接装纸的移动，再将接嘴胶涂抹在接装纸表面。

　　施胶辊是双胶辊施胶量控制装置的核心部件，其主要功能是对接装纸进行均匀涂胶，下面重点介绍一下施胶辊。

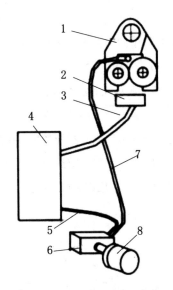

图 6-15　接嘴胶供胶系统示意图

1—施胶辊；2—胶槽；3—回胶管；4—胶缸；5—输胶管；6—齿轮输胶泵；7—输胶管；8—电机

　　施胶辊由控胶辊、涂胶辊以及胶水室组成（见图 6-16）。在胶泵的作用下，胶液从胶缸泵送到施胶辊下的胶槽中，胶槽上方有胶液位光电探测器，保证胶液在胶槽中的量相对固定，控胶辊和涂胶棍在胶槽定位装置的作用下实现接触对滚，在控胶辊的顺时针和涂胶辊逆时针对滚的过程中，控胶辊凹槽将胶槽中的接嘴胶带出并涂到涂胶辊表面上，然后涂胶辊随着接装纸的移动，再将接嘴胶涂抹在接装纸表面，完成接装纸施胶。相对于 PASSIM 系列、PROTOS 70 和 PROTOS 90 系列卷接机组，ZJ116、ZJ118、ZJ119 等型号卷接机组的施胶辊取消了胶槽下部的储胶区，仅在两个胶辊中间上部区域（即胶水堆积区域）堆积适量的胶水。工作时，在胶泵的作用下，接嘴胶从胶缸泵送过来后，通过胶水室的进胶口进入胶水堆积区域，多余的胶水则通过胶水室两侧的回胶口泵回到胶缸中，避免了胶水与空气直接接触，减少胶水的结皮和污染。控胶辊和涂胶棍在胶槽定位装置的作用下实现接触对滚，在控胶辊的顺时针和涂胶辊逆时针对滚的过程中，控胶辊凹槽里的接嘴胶被涂到涂胶辊表面，然后涂胶辊随着接装纸的移动，再将接嘴胶涂抹在接装纸表面，完成接装纸施胶。

双胶辊施胶量控制装置的工作流程为：开机后，在齿轮泵的作用下，胶液由胶缸输送到施胶辊中的胶水堆积区域或胶槽中。施胶辊中的胶水堆积区域或胶槽中设置有胶液位检测装置，当施胶辊中的胶水堆积区域或胶槽中胶液达到一定高度后，齿轮泵停止供胶（ZJ116、ZJ118、ZJ119等型号卷接机组胶水堆积区域多余的胶液则通过胶水室两侧的回胶口泵回到胶缸中），当施胶辊中胶液低于一定高度后，齿轮泵启动继续供胶。控胶辊和涂胶棍在胶槽定位装置的作用下实现接触对滚，在控胶辊的顺时针和涂胶辊逆时针对滚的过程中，控胶辊凹槽里的接嘴胶被涂到涂胶辊表面，然后涂胶辊随着接装纸的移动，再将接嘴胶涂抹在接装纸表面，完成接装纸施胶。操作工通过观察，发现施胶量过大或过小时，通过胶槽定位装置调节控胶辊和涂胶棍间隙来控制施胶量。施胶辊中多余的卷烟胶通过胶管回流到胶管中。为防止胶液凝固或结皮，停机后控胶辊和涂胶棍继续正常旋转，保持胶液在控胶辊、涂胶棍和胶水堆积区域之间流动。

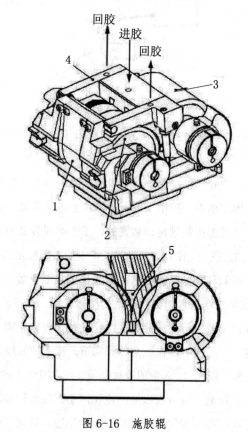

图 6-16　施胶辊

1—胶槽；2—控胶辊；3—涂胶辊；4—胶水室；5—胶水堆积区域

二、喷胶式施胶量控制装置

接装纸上胶装置是滤嘴接装机的重要部件，接装纸上胶是否均匀、胶层厚度及胶区分布等都由其控制。目前，除 HAUNI 公司卷接机组 PROTOS M5、PROTOS M8 外，现有卷接设备普遍采用双胶辊涂胶方式，通过控胶辊和上胶辊对滚后，由控胶辊外圈上的凹槽将接嘴乳胶涂在上胶辊的外圈上，再由上胶辊将接嘴胶涂在接装纸上。采用该方式涂覆的胶水量在生产速度提高或降低时不易控制且不稳定，因此在高速卷接设备的转速范围内实现连续均匀涂胶比较困难。为适应卷接设备向超高速发展的趋势，喷胶式施胶量控制装置应运而生。

喷胶式施胶量控制装置目前主要应用于 PROTOS M5 和 PROTOS M8 等高速卷接机组，也有部分企业在其他型号的卷烟机上自己改装过类似的施胶装置。

（一）装置结构

喷胶式施胶量控制装置主要由胶水通道、胶水分配盘、控制阀芯和喷嘴板等组成（见图 6-13 及图 6-17）。其中控制阀芯与外壳的内腔之间形成胶水腔室，控制阀芯是一个外圆带有很多凸起工作面的辊，有两种结构：一种主要由两组不同的凸起工作面组成，对应于胶辊涂胶方式的同步上胶；另一种只有一组凸起工作面，对应于胶辊涂胶方式的标准型上胶。该装置的喷嘴板上集成了 6 个涂胶喷嘴、6 个凹槽和 6 条胶水通道，喷嘴板和盖板一起形成涂胶喷嘴的喷出缝。喷嘴板是一个形状和尺寸不固定的变换零件，其中涂胶喷嘴的数量和喷嘴喷出缝的长度根据接装纸的宽度可以改变，喷嘴喷出缝的宽度也与涂覆胶水的预定量相适应。涂胶喷嘴涂有可减小胶水润湿性的不粘涂层，防止胶水吸附干结，在实际应用中也可采用特殊陶瓷材料。

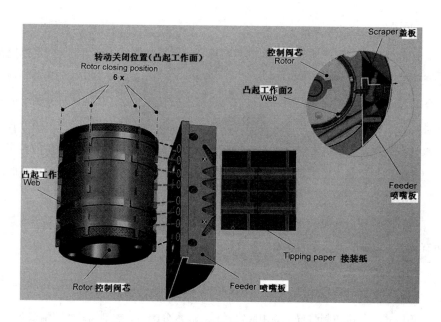

图 6-17 喷胶式接装胶施胶辊结构原理图

（二）工作原理

喷胶式施胶量控制装置工作原理见图6-14。胶水由胶水泵从胶水容器通过胶水通道泵送至胶水腔室，胶水泵由伺服电机驱动。在胶水腔室内控制阀芯对各涂胶喷嘴进行供胶控制，控制阀芯的回转使输送通道周期性地打开和关闭，与之相连的涂胶喷嘴也周期性地喷涂和中断。各涂胶喷嘴的开关不一定同步，但控制阀芯的回转必须与接装纸运行速度同步。接装纸被送到喷嘴板的弧形导向面上（图6-13和图6-17），通过弧形导向面送往涂胶喷嘴。由于每个涂胶喷嘴对应于接装纸宽度上的不同区域，所以可以在接装纸上周期性地涂覆所需的胶水图案。胶水泵输送的胶水压力可以调节，胶水压力与胶水量及接装纸的运行速度有关，可以根据不同胶水的特性曲线和设备的运行速度动态地调整胶水压力，以得到高质量的胶水图案。

在图6-14上部为接装纸涂胶后的胶水图形，包括无胶区（21）、无胶区（22）和无胶区（23）。双滤嘴烟组被搓接成型后在无胶区（21）内被分切，该区域应尽可能地没有胶水，以不粘住切刀；无胶区（22）也是为接装纸分切时不粘住切刀而准备的；无胶区（23）为可选项，为接装纸上的透气孔预留。

当检测到接装纸有接头或机器停止工作时，控制阀芯使所有涂胶喷嘴供胶中断，胶水就不会从涂胶喷嘴喷涂到接装纸上，因此抬纸辊也无须将接装纸抬离涂胶喷嘴，从而使接装纸输送更平稳和可靠。

（三）该装置的特点

应用喷胶式施胶量控制装置配合驱动控制系统，接装纸上胶均匀，胶水图案清晰，运行稳定可靠，与传统的胶辊涂胶方式相比具有以下特点：（1）接装纸所涂覆胶水层厚度可通过控制系统动态调整；（2）在本装置中胶水始终处于封闭的腔室中，避免了胶水干结，因此可以保证机器长时间停机后也能快速启动；（3）接装纸规格变换时只需更换相应规格的喷嘴板，操作维护方便；（4）在高速运行时仍能达到理想的涂覆效果。

第七章　卷烟包装胶

　　包装胶属于烟用胶粘剂的一种，也是卷烟包装用的重要烟用材料之一，主要用于粘接封签纸、小盒商标纸、条盒纸和烟箱等包装材料。烟用包装胶的用量相对于其他烟用材料的占比较小，但对卷烟的包装质量影响较大，而且既影响烟用材料的消耗，也影响卷烟的生产效率。包装直接面向消费者，包装的质量好坏影响品牌形象和消费者的购买欲望，就这一点来说，包装的粘贴效果至关重要。因此，弄清楚包装胶的应用现状和发展趋势、包装胶对包装质量的影响以及包装胶施胶装置及原理十分重要。本章将重点对其进行介绍。

第一节　应用现状及发展趋势

　　我国卷烟工业在大规模引进 SASIB、BE、GDX1、GDX2 和 FOCKE 等型号的包装机之前，烟用包装胶通常使用通用型包装胶，包括淀粉胶、糊精胶和白乳胶等。随着卷烟工业的不断发展，包装机的生产速率从低于 150 包 /min 升至 300～500 包 /min，并且烟草行业对包装胶的应用性能要求也不断提高。传统烟用包装胶存在初粘力低、干燥速率慢、储存期短、固化胶膜脆性大以及对复杂印刷的包装材料粘接力欠佳等缺点，不能适应高速卷接机组的车速要求（>7 000 支 /min）和包装材料日新月异的发展要求。现在包装胶较通用的为 VAE（醋酸乙烯 - 乙烯共聚物）包装胶。

一、烟用包装胶的要求与性能

　　（一）包装材料的粘接面特性对烟用包装胶的要求

　　通常烟用包装材料的粘接面性质并不相同，一面为商标材料的背面，一面为商标材料的印刷面，而印刷面的性质又与印刷方式及油墨有关。

　　卷烟商标用纸主要包括胶版纸、铜版纸、铸涂纸和白卡纸等品种。不同商标用纸中纤维长短、粗细、方向及涂布工艺等均不相同，并且上述因素均影响商标材料背面的吸水性和平滑度等性能。

卷烟商标材料主要有防伪激光喷铝纸（卡）、激光全息转移纸、BOPP（双向拉伸聚丙烯）激光彩虹卡纸、PET（聚对苯二甲酸乙二醇酯）激光彩虹卡纸和铝箔复合卡纸等。防伪激光喷铝纸（卡）是用转移镀铝技术生产的金、银卡纸，具有平整度好、光洁度高和铝膜极薄等特点；激光全息转移纸是先制成全息塑料薄膜，再转移至纸张表面制作而成的；BOPP 和 PET 激光彩虹卡纸是将激光膜粘贴在纸上，之后的生产工序与普通复合卡纸相同，一般以镀铝面作为印刷面。综上所述，防伪激光喷铝纸（卡）、铝箔复合卡纸的表面均为铝膜层，BOPP 和 PET 激光彩虹卡纸的表面均为聚合物薄膜，而激光全息转移纸表面主要是全息印刷层。

卷烟商标印刷主要包括胶印、柔印、凹印和丝印等方式。这些印刷方式所使用油墨中的色料、残留的连接料及各种助剂等，都将对商标材料印刷面的性质产生重要影响。

依据胶的粘接原理，烟用包装胶在粘接时必须先对接触面进行渗透（这种渗透作用能增加粘接接触面积），而具有一定渗透作用、能形成机械锁式连接的胶粘面，可有效提高粘接效果。对水基包装胶而言，若胶粘剂对包装材料（尤其对商标材料背面）的渗透性太强，胶层厚度会变薄，粘接强度也因此降低，故性能良好的水基胶应具备合适的黏度和粒径，以防止胶液过度渗透。最理想的粘接状态是包装胶与商标材料被粘接面之间的界面张力为零，此时可逆分离开界面所需的粘接功最大。商标材料背面的纸纤维表面含有大量羟基，并且其能与胶层表面的羟基、羧基等发生作用，故当胶液与纤维表面相距 $0.1 \sim 0.5\,nm$ 时，可能产生部分化学键，这将显著提高胶接处的粘接强度。

（二）生产设备性质及参数对包装胶粘接性能的要求

在卷烟生产过程中，既要考虑包装材料等被粘物及配套包装胶的适配性能，又要综合考虑生产设备性质、参数等影响因素。表 7-1 列出了生产设备性质及参数对包装胶上机适应性的影响。不同的机型、施胶方式等对胶粘剂的性能要求也不相同。胶粘剂的流动性对胶的可喷涂性（或可辊涂性）、施胶器适应性及对被粘物渗透性等影响较大。对水基胶而言，通常辊涂上胶要求胶粘剂的黏度为 $1\,500 \sim 3\,000\,mPa \cdot s$，操作时胶粘剂最好具有微小的触变流动性（目前大多数乳液胶的触变指数为 $0 \sim 0.8$）；喷涂上胶要求胶粘剂具有较高的流动性，黏度在 $200 \sim 800\,mPa \cdot s$ 范围内；自重柱流式施胶的黏度为 $500 \sim 1\,000\,mPa \cdot s$。对热熔胶而言，通常包装用热熔胶的熔融黏度范围为 $1\,000 \sim 2\,000\,mPa \cdot s$。

表7-1　生产设备性质及参数对胶粘剂上机适应性的影响

内　容	生产设备性质或参数	胶粘剂上机性能
喷涂上胶	喷涂压力	上胶量及均匀性
喷涂上胶	喷嘴直径	上胶量
辊涂上胶	A/B 间隙	上胶量
辊涂上胶	A/C 压力	上胶量
辊涂上胶	A/C 同心度	胶层均匀性
粘接后加热温度	小盒商标纸	干燥速率
粘接后加热温度	条盒纸	干燥速率

注：A 表示带胶辊；B 表示刮板；C 表示上胶辊

二、　常用烟用包装胶及研究进展

（一）聚合性乳液胶粘剂

1. 聚合性乳液胶粘剂的性能特点

针对烟用包装胶的粘接面特性和卷烟包装设备的性能特点，为适应生产加工工艺要求，以 PVA（聚乙烯醇）乳液为基体的水基包装胶［如 VAE（醋酸乙烯－乙烯共聚物）乳液、VAB（醋酸乙烯－丙烯酸丁酯 BA 共聚物）乳液等］在烟草行业中得到了广泛应用。通常，VAE 中乙烯质量分数为 15％～20％，VAB 中 n（VAc）：n（BA）=60：40。

这些共聚物乳液中因引入了含乙烯基等基团的软单体，故 PVA（聚乙烯醇）链更柔顺，相应胶液更易渗透至包装纸表面，增大粘接强度。因此，该胶粘剂具有永久的内增塑性能，其成膜温度较低（可形成完整连续胶膜），胶层室温塑性和韧性良好。

此类烟用包装胶通常为配方型产品，将不同成分的物料共聚后即可使用。另外，有些厂家为改善胶粘剂的某些性能，通常在相对简单的工艺条件下进行化学改性。胶粘剂的某些性能也由生产过程中的一些工艺因素（如搅拌时间、搅拌速率、搅拌形式、加料顺序和加料时间等）所决定。各生产企业在包装胶的配方（尤其是助剂）、生产工艺和控制过程等方面均不相同，因此烟用水基胶的性质（如黏度、固含量、pH 值和粒度等）会相差较大。

2. 聚合性乳液胶粘剂的研究进展

近年来，有关聚合性乳液共混改性方面的研究报道有：Reddepa 等将 PVAc 和聚氧乙烯共混后，制得耐热性和耐腐蚀性优良的胶粘剂。王灏制备了甲基丙烯酸甲酯（mmA）/VAc 共聚乳液与 PF（酚醛树脂）的共混乳液，其黏度、固含量均符合使用要求，并且其稳定性、力学性能和耐水性俱佳。叶坤等将 PVAc 与 BA 共聚后，制成粘接强度较高的乳液，并引入分散剂来调节乳液的黏度。

在聚合性乳液共聚改性方面，Jahanzad 和 Yang 等采用共聚法制成了 VAc、BA 和丙烯腈等共聚乳液，并有效改善了该乳液的耐水性、耐候性和粘接性能。滕朝晖等采用核/壳技术制备了 VAc-丙烯酸（AA）共聚乳液。研究结果表明：通过改变 AA 含量和核壳比，能有效调整乳液的黏度；采用 AA 改性聚合性乳液，不用增塑剂也能显著降低乳液的最低成膜温度。袁红萍研究了乳化剂、引发剂及反应温度等工艺条件对聚合物性能的影响，并发现共聚改性单体的加入方式有一定的技术要求，采用分开滴加的方式进行聚合能获得性能良好的改性乳液。

在 VAc 多元共聚方面，Brown 等采用共聚法制成的粘接强度高、初粘力大的快干型 VAc/BA/N-羟甲基丙烯酰胺三元共聚乳液，可用于制备快速包装用胶粘剂。官仕龙等以 VAc、AA 和 mmA 等为原料，也合成出了快干型卷烟用三元共聚乳液，并且其综合性能较好（固含量为 38.42%，黏度为 1120 mPa·s）。余先纯等采用核/壳聚合技术制备二元、三元和四元共聚物乳液胶粘剂（保护胶体为聚乙烯醇-2099，单体为 VAc、丙烯酰胺、BA 和 mmA 等），并发现四元共聚乳液胶粘剂具有固化时间短、储存期长、耐水性和耐寒性俱佳等特点。

（二）淀粉胶的研究

如上所述，传统的卷烟包装胶的主要成分是由聚醋酸乙烯和其他合成树脂配制而成的水基胶。这种胶由于是化学合成物，对人体有着潜在的危害，并且价格较贵。随着科技的发展和人们环保健康意识的增强，人们希望以廉价的淀粉为原料，通过改性制作卷烟胶，淀粉胶对人体的毒副作用小，且价格低廉，有"绿色卷烟胶"的美誉。

人们通过对淀粉进行氧化或酶解、糊化、接枝、交联等改性工艺处理,制得改性淀粉胶。制得的改性淀粉胶黏度适宜，初粘性良好，胶液稳定，具有良好的上机适用性，与普通包装胶的上机情况基本相同，基本达到了正常产品的生产要求。

淀粉胶的研究比较多，但是实际生产中很少有应用，说明淀粉胶的生产技术还不够成熟，还需要科技工作者不断努力。相信总会有一天，合成卷烟胶最终会被绿色环保的卷烟胶取代，因为这是卷烟胶发展的必然要求。

（三）EVA（乙烯－醋酸乙烯共聚物）热熔胶

随着包装机生产速率的进一步提高以及包装材料的不断更新，尤其是卷烟工业近年来流行的"软盒硬化"包装形式和"光滑表面"包装材料，均使 EVA 热熔胶在卷烟包装方面的应用呈逐年递增态势。通常，热熔胶用 EVA 分子中的 VAc 质量分数为 20% ～ 35%。

与水基胶相比，热熔胶具有初粘时间短、初粘力大和粘接牢固等特点。因此，合适的固化时间可赋予 EVA 热熔胶良好的综合性能，并能更好地适应超高速包装机的生产要求。软盒硬化类的卷烟产品由于采用了较厚的纸张材料，故其折叠后粘接面的反弹力度较大；"光滑表面"的包装材料由于其表面处理和印刷工艺等因素造成表面极其"光滑"，使水基型卷烟胶的润湿性能差。使用 EVA 热熔胶可有效解决该类商标纸粘接不牢固、商标纸散包和烟盒挂烂破损等问题，以保证卷烟产品具有较高的生产效率和较低的生产消耗成本。

EVA 热熔胶的配方比较灵活，通过改变配方可调节热熔胶的某些性能。除选用合适的 EVA 树脂外，还可通过增粘树脂、蜡和填料等组分的选用调节热熔胶的软化点、熔融黏度和粘接强度等性能，使其满足不同材质包装材料和包装设备参数的使用要求。

烟用包装胶的开发应用是高分子化学、高分子物理和胶接技术等多学科交叉的结晶。卷烟企业、胶粘剂生产企业及包装材料生产企业应紧密配合，在优化烟用包装胶上机性能的同时，保证烟用包装胶的安全性和环保性。烟用包装胶的进一步低溶剂化研究，淀粉胶、大豆蛋白胶和海洋生物胶等天然胶粘剂的改性应用研究等，都可能是烟用包装胶未来的发展方向。

三、烟用包装胶的性能要求

（一）烟用包装胶的上机适应性方面：包装机组车速越高，对烟用包装胶的初粘力和流动性要求也就越大，而如何提高初粘力是关键所在。在保证粘接效果的前提下，必须调节好胶粘剂的流动性，并且应尽量减少卷烟生产的停机次数（停机一般因清理溢胶所致），以保证生产效率。

（二）水基包装胶易出现越用越稠、结皮沉淀等现象；此外，附着在包装材料上过多的水基包装胶（或热熔胶）易弄脏生产通道。就喷涂上胶方式而言，必须控制胶粘剂可能引起喷嘴堵塞的次数。

（三）水基包装胶的稳定性值得关注：目前常用的水基胶在低温或高温时易出现分层、沉淀等现象，并且乳液的黏度随时间、温度等变化而波动较大。因此，位于不同区域的大型卷烟企业，因各区域的不同温度、不同气候和不同季节等差异导致包装胶稳定性不佳，从而给用户带来诸多不便。

（四）烟用包装胶的安全性必须得到持续重视：烟草行业现行的相关标准对水基胶中某些物质（如甲醛、邻苯二甲酸酯类、苯系物、乙酸乙烯酯和重金属等）和热熔胶中重金属均有限量规定，从而在某种程度上避免了相对封闭的烟盒中因包装胶而引入的有害成分。

（五）水基包装胶中所用引发剂、消泡剂和防腐剂等原辅料，也必须考察其是否会对烟用包装胶的卫生指标带来负面影响，以避免可能产生的安全隐患。在对化学物质安全性进行控制的同时，也必须关注烟用包装胶（尤其是水基胶）在储存时可能出现的霉变等生物污染问题。

第二节　对包装质量的影响

卷烟包装胶也是卷烟生产过程不可缺少的重要组成部分，主要用于将烟支包装成盒、条、箱等不同的包装单位，便于贮存、运输和携带。卷烟包装胶虽不直接参与烟支燃烧，也不与口腔直接接触，但由于其中含有多种化学成分，在烟盒这种密闭环境中进行缓慢扩散，也会影响卷烟的安全性能；同时，施胶量过多或过少时，在包装过程中，卷烟包装盒（箱）部分易出现溢胶、粘连和粘接不牢等质量缺陷。现有包装机在包装过程中一般采用喷涂和辊涂两种方式对包装材料进行施胶，由于人们对包装胶施胶量的控制不是十分重视，操作工根据个人的经验对施胶量多少进行判断，不同班次和机台施胶量均有较大差异。烟草科技工作者对施胶量与包装质量的关系研究较少，施胶量的控制比较粗放，未见通过开发专用施胶装置来实现对包装胶准确控制的相关报道。本节重点介绍包装胶施胶量对卷烟包装质量的影响。

一、对小盒包装质量的影响

小盒包装机在生产过程中，如果施胶量较小时，商标纸涂胶不均匀，会造成商标纸上胶点胶液太少或无胶，胶液很快会在商标纸上渗透或风干，粘贴位置无法实现有效粘贴，小盒烟包不能裹包成形，其被输送到下游透明纸包装机后，极易造成机器阻塞，引起透明纸包装机推杆变形、齿形同步带断裂等故障；如果施胶量过大时，商标纸上胶点胶液厚度过厚，则胶水容易被挤压出来，造成烟包溢胶，出现商标输送通道、烟包成形系统积胶，从而导致商标纸输送过程中发生偏移及堵塞，包装完毕的烟包有污点，影响烟包质量。

二、对条盒包装质量的影响

与小盒包装过程类似，条盒包装机在生产过程中，如果施胶量较小时，条盒涂胶不均匀，会造成条盒上胶点胶液太少或无胶，胶液会很快在条盒上渗透或风干，粘贴位置无法实现有效粘贴，条盒烟包不能裹包成形，其被输送到下游透明纸包装机后，极易造成机器阻塞，引起透明纸包装机推杆变形、齿形同步带断裂等故障；如果施胶量过大时，条盒上胶点胶液厚度过厚，则胶水容易被挤压出来，造成条包溢胶及商标输送通道、烟包成形系统积胶，从而导致条盒输送过程中发生偏移及堵塞，包装完毕的条包有污点，影响条包质量。

第三节　包装胶施胶装置

由上一节介绍的内容可知，卷烟包装胶施胶量对包装质量和生产效率有一定影响。为了保证产品加工质量，提高生产效率，对卷烟包装胶施胶量进行有效控制就十分必要。如何对包装胶施胶量进行有效控制呢？现在国内外大部分包装机包装胶施胶，采用设备原装的施胶装置。对包装胶施胶装置进行革命性改变的报道较少。尽管如此，为了减少质量缺陷，提高生产效率，使得施胶均匀稳定，科技工作者进行了大量努力，对施胶装置进行了有效改进，并且取得了很好的应用效果。下面将分别进行介绍。

一、小盒包装施胶装置

（一）软盒施胶系统

1. 小盒施胶

GDX1 包装机商标纸上胶机构主要由上胶器、胶辊、传动轴Ⅰ、Ⅱ及刮胶板、橡胶软轮组成，见图7-1。上胶器、胶辊分别安装在两个传动轴Ⅰ、Ⅱ上，刮胶板安装在刮胶板座上，刮胶板与胶辊的间隙调整要求为Y=0.05mm，即胶辊在旋转时，将胶缸内的胶液带上，经刮胶板刮胶后，胶辊表面有厚度0.05mm的均匀胶液。上胶器上对称分布着的两侧边上胶板和两底部上胶板，上胶器逆时针运动时吸取胶辊上的胶液，上胶器与胶辊的间隙调整要求为X=0.05mm。

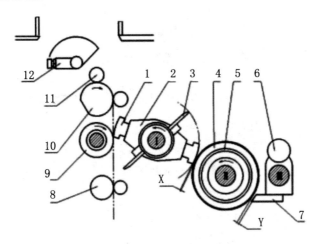

图7-1　软盒小盒施胶机构示意图

1—底部上胶板；2—上胶器；3—侧边上胶板；4—胶辊；5—胶辊捏手；6—刮胶板座；7—刮胶板；
8—送纸轮；9—橡胶软轮；10—送纸缺口轮；11—橡胶导纸轮；12—扇形吸纸轮

其工作原理：扇形吸纸轮从商标纸纸库吸取商标纸后，边旋转边移动的过程中将商标纸送至送纸缺口轮和橡胶导轮之间，商标纸在送纸缺口轮和橡胶导纸轮作用下由水平送纸变为垂直下纸。商标纸在经过橡胶软轮时，底部上胶板和侧边上胶板先后与橡胶软轮对压后将胶液均匀地涂在输送过程中的商标纸指定部位，从而完成商标纸的上胶。GDX1包装机停止工作时，橡胶软轮通过电磁离合器吸合后仰脱离与底部上胶板和侧边上胶板对压，从而停止对商标纸上胶。

2. 封签施胶

封签纸上胶机构主要由封签涂胶装置、第一导纸凸轮、第一压紧轮、导纸板、下纸通道和第二压紧轮组成，见图7-2。

其工作原理：通过扇形吸封签轮送来的封签纸，在导纸板处被送往第一导纸凸轮和第一压紧轮之间，然后在第一导纸凸轮和第一压紧轮的作用下，再经导纸板和第一压紧轮支座的导向面导向，由水平输送作90度转向，垂直输送进入垂直下纸通道。经过第二压紧轮后进入封签涂胶装置涂胶。GDX1 封签扇形涂胶装置由离合器、弹簧、轴、挡圈、扇形涂胶轮、轴承等组成。封签扇形涂胶轴由两根直径不同的轴组合在一起，机器的动力输入通过轴端离合器传入。

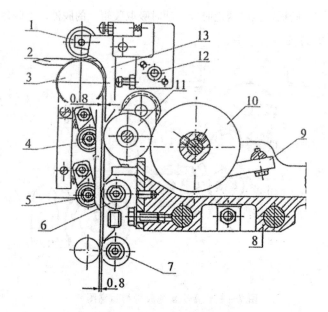

图 7-2　软盒封签施胶机构示意图

1—第一压紧轮；2—导纸板；3—第一导纸凸轮；4.5—滚轮；6—第二导纸轮；7—第三导纸轮；

8—胶缸；9—刮板；10—涂胶轮；11—上胶轮；12—固定块；13—第一压紧轮支座

人们根据生产中出现的问题，对施胶装置进行了不断的优化改进，比较典型的有以下几项：

驻马店卷烟厂针对封签涂胶装置存在设计缺陷、封签涂胶不均等原因造成的封签纸在输送过程中出现堵塞，粘贴歪斜和窜头等影响设备效率和产品质量问题，对 ZB25 型软盒包装机组封签涂胶装置进行了改进，减少了维修次数，提高了设备有效作业率，提升了产品外观质量。具体的改进措施如下：

（1）把封签扇形涂胶轴与机器主传动连接的离合器加宽，加大两离合器端面的接触面积，增加传动稳定性（见图 7-3）；

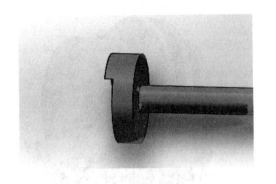
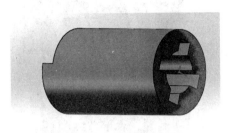

改进前　　　　　　　　　　　　　　改进后

图7-3　改进前后离合器对比图

（2）改进封签扇形涂胶轴，把原先的两轴相套的组合式封签涂胶传动轴改为单个轴的传动方式，增大传动轴直径，以增加传动轴的强度（见图7-4）；

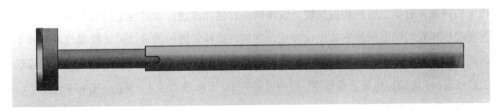

改进前

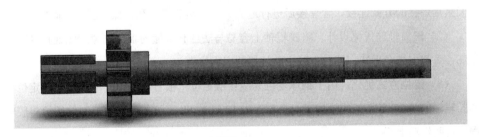

改进后

图7-4　改造前后封签涂胶轴示意图

（3）参考张紧套的工作原理，在封签扇形涂胶轮顶丝位置处设置一条直径4 mm的槽口，并设置紧固螺钉位置，使得螺钉安装后不能高出扇形涂胶轮轴端表面，新的封签扇形涂胶轮可以通过紧固螺钉，把涂胶轮360°锁定在封签涂胶轮轴上（见图7-5）。

改进前   改进后

图 7-5　扇形涂胶轮改造前后对比图

　　邓梅东等为了解决 GDX1 包装机商标纸上胶机构因胶辊偏心、磨损造成商标纸上胶不稳定的问题，对该上胶机构的胶辊、胶辊轴进行优化改进：以螺栓定位代替钢珠定位，改变胶辊和胶辊轴之间的安装定位方式，并加以螺栓紧固的改进，可让胶辊与胶辊轴不再产生相对运动，防止胶辊与胶辊轴间因配合磨损，产生偏心而涂胶不稳，改善商标纸上胶质量，实现烟标包裹质量稳定，提高设备效率，节约维修成本（见图7-6和见图7-7）。具体的改进措施如下：

　　（1）胶辊、法兰一体化设计。针对胶辊与法兰热装引起的松动现象，将胶辊与法兰之间采用焊接的方式连接，含焊接后进行退火处理，然后再镗孔，保证两孔的同轴度；

　　（2）滚筒轴的优化设计。将胶辊轴上容易与法兰Ⅱ碰撞的轴肩车掉，此处直径改为 Φ28，方便安装及拆卸，同时也减少此位置的应力集中；

　　（3）定位方式优化。由于钢球定位为线接触定位，很容易磨损。故改为螺栓定位。在胶辊轴的 Φ25 直径处的轴加工一个攻深为 15mm 的 M8 螺纹孔。通过特制的螺栓将胶辊固定在胶辊轴上；

　　（4）定位螺栓的设计。螺栓设计时需要考虑到安装拆卸方便、耐腐蚀、材料硬度小于胶辊轴的硬度及定位支撑面可靠等因素。优化后的结构如图7-7所示，胶辊采用焊接结构，螺栓采用 H68 号黄铜，为避免松动螺栓螺纹旋向设计为右旋。

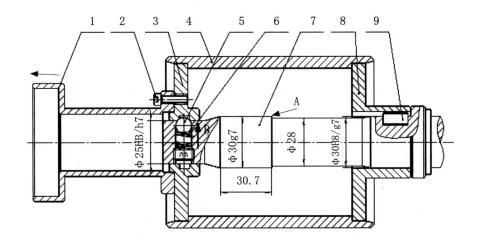

图 7-6 改进前胶辊装配示意图

1—捏手；2—螺钉；3/8—法兰；4—胶辊；5—钢珠；6—压簧；7—胶辊轴；8—键

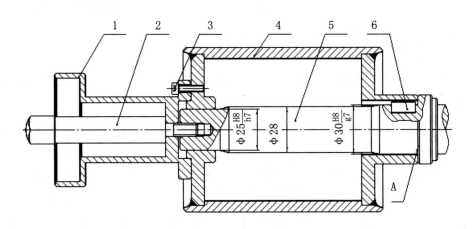

图 7-7 改进后胶辊装配示意图

1—捏手；2—螺栓；3—螺钉；4—胶辊；5—胶辊轴；6—键

（二）软硬盒施胶系统

软盒硬化产品是在 GDX1 等软盒包装机上所生产出来的一款全新产品。采用经过重新设计的商标纸，其结构尺寸既不同于普通软盒也不同于普通硬盒。商标纸材质的定量为 $175\pm5\,g/m^2$、厚度为 $210\pm0.005\,\mu m$，介于普通软盒和硬盒商标纸材质之间。该商标纸的尺寸结构如图 7-8 所示。

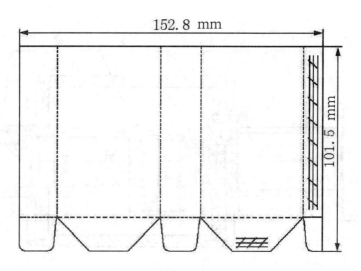

图 7-8　软盒硬化商标纸尺寸结构

由于软盒硬化商标纸采用了较厚的纸张材料，折叠后的粘结面反弹力度较大。因此，经过原机上胶系统上胶后的商标纸粘结面易粘结不牢，产品生产过程中经常出现商标纸散包、烟盒挂烂破损等现象，导致设备经常停机，生产效率大大降低。

1. 原机商标纸上胶系统

原机商标纸上胶系统由涂胶辊、上胶片、刮胶板、胶水盘、胶水桶、电磁阀、胶位检测传感器及气路系统 8 部分组成，如图 7-9 所示。

商标纸上胶采用的是机械同步的方式，上胶片每旋转 180°对应一张商标纸。包装机运行时由主传动系统传出的动力经过几组齿轮传递后传到胶辊轴上，设备正常运行时，胶辊轴上的离合器通电闭合，带动胶辊轴转动，上胶装置工作实现同步上胶。当机器停止时，离合器断电脱开，上胶系统停止上胶。经过 1min 的延时后胶液搅拌电机开始工作，带动上胶装置转动，以防止涂胶辊上的胶水产生干结及不均匀。同时商标纸输送轮电磁阀动作使输送轮后移远离上胶片，以避免胶水在停机时粘到输送轮上。

当商标纸胶水盘中的胶位低于规定液面高度时，胶液位检测传感器发出信号使两位三通电磁阀动作，注胶气缸活塞杆下移，这时胶水桶中的胶水在重力作用下自动流入商标纸胶水盘内。当胶水盘内的胶液位到达规定液面高度时，胶液位检测传感器再次发出信号自动切断两位三通电磁阀使注胶气缸自动关闭停止注胶。

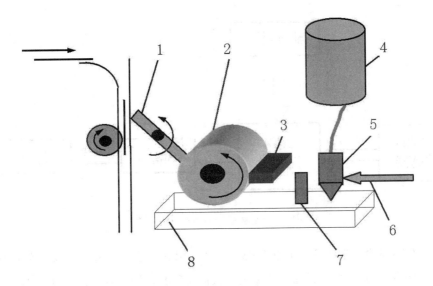

图 7-9　原机商标纸上胶系统组成示意图

1—上胶片；2—涂胶辊；3—刮胶板；4—胶水桶；

5—电磁阀；6—气路；7—胶位检测传感器；8—胶水盘

2. 热熔胶喷涂系统

热熔胶与原来的水基胶相比具有固化时间短、粘结牢固、对使用环境无污染等优点，因此热熔胶喷涂系统更适合于软盒硬化商标纸的粘结，可以很好地解决原来上胶系统烟盒粘结面粘结不牢、容易散包等问题。并且该系统独立于原包装机的电气和机械系统，有利于保持原包装机相关部件的完整性和通用性，便于日后设备的维修和维护工作。

（1）热熔胶喷涂系统的组成及原理

热熔胶喷涂系统可分为热熔胶机和热熔胶喷涂同步控制系统两部分。热熔胶机主要包括热熔胶缸、供胶管、喷胶头、喷胶头支座和温度检测控制电路；热熔胶喷涂同步控制系统部分的硬件由喷胶控制器、商标纸检测传感器、同步旋转轴编码器、胶枪以及气路系统等组成。热熔胶喷涂系统的结构框架图如图 7-10 所示。

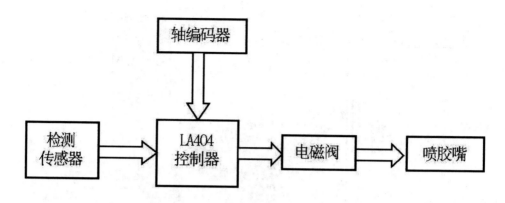

图 7-10　热熔胶喷涂系统的结构框架图

热熔胶机是热熔胶喷涂系统的关键组成部分，其作用是对热熔胶进行加热熔化并且保温，使热熔胶熔化到其最佳的工作状态。根据设备正常生产的用胶量，采用了容量为6L的热熔胶机，胶缸的四周采用保温隔热材料进行保温。熔化后的液体热熔胶经过滤网过滤后由供胶泵供到输胶管中。热熔胶机的加热功率为2 500 W，其设定的工作温度为160 ℃。将满容量的热熔胶加热熔化到最佳工作状态需要25 min。供胶管的作用是将热熔胶机熔化后的液态热熔胶输送到喷胶头。供胶管的长度为3 m，直径为20 mm，可以灵活方便地满足热熔胶机的摆放位置和喷胶头所需的供胶量。在输胶管的外部采用了隔热保温材料进行包裹，在起到对输胶管内液态热熔胶保温作用的同时，可以防止烫伤设备操作人员。输胶管的加热功率为1 000 W，其设定的工作温度为160 ℃。喷胶头由4个喷胶嘴组成，分别对应着商标纸粘结位置上的4个粘结点，分别是商标纸侧面的3个点和商标纸底部的1个点。4个喷胶嘴并排排列，采用一体化的加热方式进行加热控制。当商标纸检测传感器检测到商标纸时，由喷胶控制器控制喷胶头同步地将热熔胶喷到商标纸上。喷胶嘴的加热功率为1 000 W，其设定的工作温度为160 ℃。

（2）热熔胶喷涂同步控制系统

热熔胶喷涂同步控制系统的硬件包括喷胶控制器、商标纸检测传感器、同步旋转轴编码器、胶枪以及气路系统等，其原理框架图如图7-11所示。

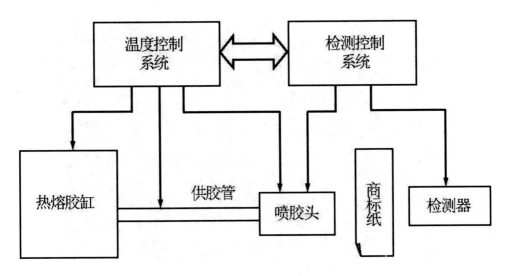

图 7-11　热熔胶喷涂同步控制系统原理框架图

　　喷胶控制器是热熔胶喷涂同步控制系统的核心部件，它接收商标纸检测传感器输出的脉冲信号，然后根据同步旋转编码器测出的包装机运行速度实时地控制喷胶嘴上的电磁阀。当电磁阀通电打开时，喷胶嘴内的热熔胶在压缩空气的作用下喷射到商标纸的粘结位置上。喷射到商标纸上胶点的大小由电磁阀的通电时间和喷胶嘴内的压力来决定。GDX1 包装机的最大运行速度为 400 包 /min，美国诺信公司的 LA 404-2 喷胶控制器能很好地满足控制要求。

　　商标纸位置检测传感器的作用是检测商标纸的到位情况，其检测信号输入到喷胶控制器中，然后由喷胶控制器计算确定喷胶头喷胶的时间点。可以选用欧姆龙的 E3X-DA11-N 型光纤检测传感器，其输出方式可以选择 NPN 型和 PNP 型两种方式；光源为红色发光二极管 (660 nm)，工作电压为 DC 12 V～24 V；标准响应时间为 1 ms，超高速时的响应时间为 0.25 ms。可以满足 GDX1 包装机 400 包 /min 的最高生产速度需求。

　　轴同步旋转编码器是传感器的一种，主要用来侦测机械运动的速度、位置、角度、距离或计数。它是把角位移或直线位移转换成电信号的一种装置。可选用日本欧姆龙公司型号为 DA-Z11 的绝对式编码器，该轴同步旋转编码器能对包装机的生产速度进行准确跟踪，以保证喷胶控制器能同步控制喷胶嘴电磁阀的通断，准确地将热熔胶喷射到商标纸的粘结位置上。

　　气路系统的作用是由压缩空气将熔化后的热熔胶压送到喷胶头里并保持一定的压力。系统的安装效果如图 7-12 所示。

图 7-12 喷嘴部分实物图

采用热熔胶喷涂系统取代原机的上胶系统，可以很好地解决商标纸粘结部位粘结不牢、容易造成散包的问题，大大减少因产生烂烟盒所导致的设备停机次数，使商标纸、铝箔纸及小包封签等原辅材料的消耗得到了有效控制。所生产的软包硬化产品质量能很好地满足相关的工艺质量技术标准，设备的生产速度可达到 360 包/min 以上，设备的运行效率有较大的提高。

（三）自粘式软盒施胶系统

自粘软盒烟包是中烟机械技术中心研发的一种卷烟包装形式。为满足自粘软盒卷烟自动化生产的需求，基于 FOCKE 350S 包装技术研制了 ZB29 型自粘软盒包装机组，该机组主要由 YB29 自粘软盒包装机、YB512 盒外透明纸包装机、YB612 硬条及条外透明纸包装机以及 YF66 盒包存储装置等组成，其中 YB29 包装机主要完成自粘软盒的包装成型功能。

在自粘软盒烟包生产过程中，需要对烟盒盖片的内侧前端涂一条可反复粘结的热熔压敏胶，这种胶与烟草行业广泛应用的水基冷胶的性质不同，其涂胶技术和设备也不同。

由于使用中胶条会暴露在外，因此喷涂的热熔压敏胶条要求形状美观、位置准确。为此，制造商采用热熔压敏胶刮胶技术，利用脉冲定位方法，设计了一套新型热熔压敏胶涂胶系统，以准确控制胶条在商标纸上的相对位置，涂出外观平整美观的胶条，满足自粘软盒包装机的使用要求。

1. 问题分析

（1）涂胶方式及商标纸定位问题

自粘软盒的上方有一个盖片，盖片内侧前端涂有一条可反复粘结的热熔压敏胶条，取烟时揭开盖片，取烟后关闭盖片时压敏胶会重新将盖片粘结在盒体上，见图 7-13。

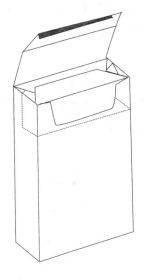

a. 烟包模型　　　　　　　　　　　　b. 烟包样品

图 7-13　自粘软盒烟包示意图

热熔胶的涂胶方式有非接触点喷涂、非接触式纤维喷涂和接触式刮涂 3 种。其中，非接触点喷涂和非接触式纤维喷涂方式可以使喷枪与商标纸不接触，但喷涂出的胶条不够整齐，外观品质不够理想；接触式刮涂方式可以使胶条外观平整，但刮枪要与商标纸接触。商标纸刮胶时在模盒的带动下快速通过刮枪底部的枪嘴位置，刮枪与商标纸之间间距过小会增加接触摩擦力，造成商标纸在刮胶过程中出现偏移现象，导致胶条相对商标纸歪斜；刮枪与商标纸之间间距加大可减小接触摩擦力，但容易造成运动中的商标纸无法将胶枪喷嘴流出的热熔胶全部带走，胶枪留有残胶，残胶积累过多则会污染包装设备。

包装过程中通常在商标纸水平转塔第二工位处进行压敏胶涂胶，此时商标纸转塔模盒内只有半折叠的商标纸，没有铝箔烟包支撑商标纸，商标纸与胶枪刮胶口之间的摩擦力会使模盒内的空商标纸歪斜，从而改变胶条在商标纸上的位置。

另外，在涂胶过程中，商标纸随转塔一起作变加速度间歇运动，如果不将商标纸稳定地固定在模盒内，在商标纸上涂出的胶条都是歪斜的。

(2) 涂胶要求

自粘软盒所用商标纸形状、压敏胶胶条形状和位置如图 7-14 所示。

压敏胶体整体呈圆弧状，胶条内侧边半径 R 为 295mm，胶条宽 5mm，长 45mm。胶条喷涂位置为商标纸盖片内侧，居中位于盖片上，盖片宽 54.7mm。

胶条在长度方向的位置误差为 ±1.5mm，在宽度方向的位置误差为 ±0.5mm；胶条长度误差为 ±1.5mm，宽度误差为 ±0.5mm；胶条厚度 0.1mm，厚度误差 ±0.05mm。当设备速度发生变化时胶条厚度要求在误差范围内。

包装机从开始启动逐渐加速到正常生产速度，模盒内商标纸运动的线速度也逐渐增加。当涂胶长度一定，且胶缸内压力保持不变时，包装机运行速度的高低会影响商标纸上的涂胶量，即包装机低速运行时胶量多，高速运行时胶量少，从而造成胶条厚度变化较大。

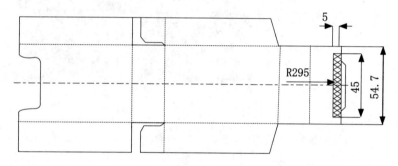

图 7-14 压敏胶胶条形状和位置

（3）胶条位置和长度控制问题

当设备的运行速度为定值时，若要在商标纸上获得图 7-15 所示胶条，胶枪必须在 A 点或 B 点开始刮胶。假设从 A 点开始经过一段时间 T 后在 B 点结束，那么实际情况是胶枪虽然在 A 点开始刮胶，但胶枪针阀打开的时间并不是商标纸上 A 点运动到胶枪枪嘴的时间，而是要提前 T_1 时间打开，即胶枪在获得信号到打开针阀并流出胶液时存在有滞后响应时间 T_1。若不考虑 T1，假设商标纸运动速度为 V，则胶条的开始位置有 $V \times T_1$ 的长度偏差。同样，胶枪在关闭时也要提前 T_1 时间关闭。

事实上，设备在生产过程中不可能以恒定速度运行。以 YB29 自粘软盒包装机为例，开机时其运行速度从 0 增加到 300 包/min。由于胶枪的滞后响应时间 T_1 是恒定值，当设备速度改变时，商标纸的运行速度 V 会同步改变，此时胶条的起始和结束位置的偏差 $V \times T_1$ 随之发生变化，且设备运行速度越快，偏差越大。另外，如果刮胶时间 T 不变，则胶条长度 $V \times T$ 会随设备速度增加而变长。

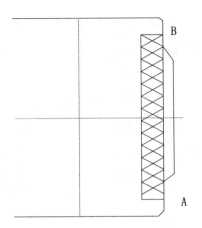

图 7-15 胶条在商标纸上的位置

2. 设计方法

（1）系统组成

热熔压敏胶涂胶系统主要由胶缸、胶管、胶枪、触摸屏、控制器、编码器以及电眼（检测传感器）等部件组成。

在生产过程中，包装机与胶缸之间有输入与输出信号，包装机只有在胶缸温度和压力满足要求时才能顺利启动，且胶缸的压力与包装机的运行速度相匹配，包装机停机时胶缸的压力同步迅速释放。包装机与操控屏及控制器之间也有输入与输出信号，相互通信就绪信号。

如图 7-16 所示，包装机运行时，电眼检测到商标纸，并将信号传递给控制器，并根据编码器传递过来的包装机运行速度信号控制胶枪涂胶与关闭。同时，胶缸根据包装机的运行速度控制胶压大小，并将胶通过胶管输送给胶枪，实现商标纸的涂胶。

图 7-16　涂胶工作流程图

1—包装机；2—胶缸；3—胶管；4—胶枪；

5—操控屏及控制器；6—编码器；7—电眼（检测传感器）

　　如图 7-17 所示，胶枪安装在一个直线气缸滑动平台上，当设备停机时，直线气缸滑动平台将胶枪提起并远离刮胶位置，重新启动设备前，再将胶枪复位。

　　（2）定位导轨

　　为了获得外观平整美观的胶条，经过多次涂胶试验，制造商最终选用了刮胶方式的涂胶技术。为解决在刮胶过程中模盒内的空商标纸发生歪斜问题，制造商设计了一个商标纸定位导轨，见图 7-18。

　　该导轨与商标纸两内侧长边的顶部接触，确保没有铝箔烟包支撑的商标纸在随模盒转动时被稳定地固定在模盒内。

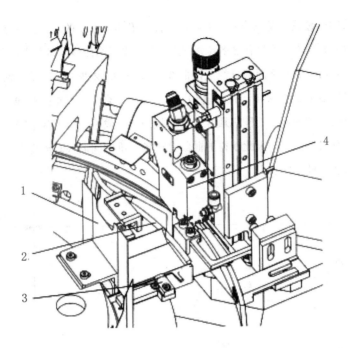

图 7-17　胶枪安装位置示意图

1—商标纸；2—导轨；3—模盒；4—胶枪

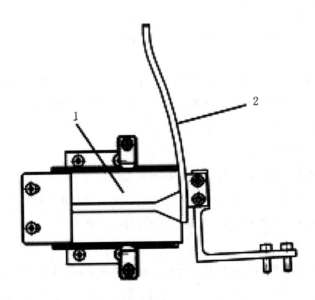

图 7-18　胶枪安装位置示意图

1—模盒；2—导轨

该导轨的轨迹是一条三维空间曲线，其曲率沿相互垂直的两个方向变化，在设计时无法直接做出该轨迹，因此需要将其分解成两条二维平面曲线，即曲线 C 和曲线 D，见图 7-19。曲线 C 由 C1 和 C2 两部分组成，曲线 D 由 D1 和 D2 两部分组成，曲 C 所在平面与曲线 D 所在平面呈 90°夹角。直线段 D1 与圆弧段 C1 合成时获得的曲线段，仍为曲率变化为一个方向的圆弧段。而圆弧段 C2 与圆弧段 D2 合成时，由于两个圆弧所在曲面相互垂直，且都有曲率变化，因此获得的曲线是一条三维空间曲线。最终合成得到的整条曲线是一条三维空间曲线。

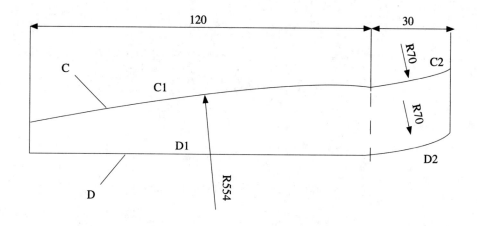

图 7-19   定位导轨轨迹曲线

为了获得良好的定位效果，C1 的圆心与模盒的转动中心重合，且其曲率半径与模盒最外端转动轨迹的半径相同。圆弧段 C2 的作用是使商标纸顺利进入导轨，而圆弧段 D2 的作用是使转动的模盒顺利进入导轨。

（3）I/P 转换原理

为解决胶条厚度随包装机速度变化问题，采用 I/P 转换器自动调节胶缸的胶压。先将包装机的运行速度转变成电信号，然后通过 I/P 转换器再把电信号转换成压力控制信号，使得胶缸内的压力能够跟随包装机运行速度进行同步调节。

（4）脉冲定位方法

针对包装机实际运行中胶条相对商标纸位置出现偏差问题，没有采用传统的相位方法确定刮胶起点和终点位置，而是采用了脉冲定位方法。由于胶条半径为 295 mm，即胶枪的刮胶直径为 295×2=590 mm，所以水平转塔对应胶枪喷嘴位置转动一周的周长为 590×π ≈ 1 853.54 mm，脉冲编码器读取商标纸转塔转动主轴的脉冲点数据，假设脉冲编码器转动一圈的脉冲点数为 3 500，则编码器每个脉冲对应的弧长为 1 853.54/3 500=0.539 6 mm，即编码器的分辨率为 0.539 6。

在确定刮胶起点和终点位置时，只要选择相应脉冲点数即可获得胶枪刮胶口相对于商标纸的实际刮胶起点和终点位置，摆脱设备速度和时间对胶条位置的影响。同样，胶条长度也可采用脉冲点数确定，例如从刮胶开始到结束共经历 100 个脉冲，则胶条理论长度为 0.539 6×100=53.96 mm。

实际情况中，带动商标纸转动的水平转塔在转动时是一个变加速运动状态，其运动速度曲线见图 7-20。

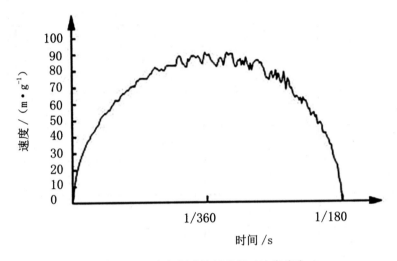

图 7-20 商标纸涂胶区域运动速度曲线

从曲线可以看出，两端位置速度较低，但变化较快；中间位置速度较高，但变化较慢。脉冲编码器在激发脉冲时，时间间隔是一定的，且整个运动周期内速度是不断变化的，因此编码器激发的每个脉冲点对应的实际长度并不是 0.539 6 mm，每个脉冲点在速度曲线的两端位置对应的弧长变化最大，在中间位置变化最小。

因此，在商标纸运行速度曲线的中间位置选择刮胶起点和终点，就可以获得位置和形状准确的胶条，起点与终点相对于曲线的中心轴是对称的。

3. 应用效果

为验证实际刮出的胶条效果，进行了试验测试，试验参数包括：包装机生产速度为 260 包/min；胶缸压力为 2.5 MPa，胶缸温度为 160 ℃，胶管温度为 170 ℃，胶枪温度为 185 ℃；商标纸定量为 205 g/m²，商标纸类型为转移铝复合纸，其表面涂覆亚光光油；胶条长度为 45 mm，胶条宽度为 4 mm。共选取 4 个样品，测试结果见表 7-2。

由表7-2可知，胶条长度及在长度方向的位置误差相对较大，而胶条宽度及在宽度方向的位置误差相对较小，这是因为胶条长度及长度方向的位置控制主要依靠脉冲点控制，当编码器的精度较低或商标纸转塔转动产生振动时，都会影响脉冲点的采集，尤其是瞬时转速较高时，脉冲点的采集误差会更大，这也是图7-20中速度曲线不够光滑的原因。而胶条宽度主要由胶枪的出胶口尺寸决定，且商标纸相对胶枪的位置较固定，因此误差较小。

表7-2　刮出的胶条测试数据

单位：mm

测试样品	胶条长度	胶条长度方向位置误差	胶条宽度	胶条宽度方向位置误差	胶条厚度
理论值	45.0	±1.5	4.0	±1.0	0.10
实际值1	46.0	±1.3	3.9	±0.5	0.10
实际值2	45.1	±1.0	4.0	±0.3	0.12
实际值3	45.7	±1.2	3.9	±0.4	0.11
实际值4	44.6	±0.9	4.1	±0.3	0.13
平均值	45.35	±1.10	3.98	±0.38	0.115

热熔压敏胶涂胶系统在自粘软盒包装机上的实际应用情况以及测试结果表明：（1）刮出的胶条在长度方向的位置误差为±1.5mm以下，宽度方向的位置误差为±1.0mm以下，均在产品设计范围内，符合卷烟产品包装品质要求，能够满足自粘软盒包装机的使用需求；（2）在商标纸运行速度曲线的中间位置选择刮胶起点和终点位置，可以获得位置准确、外观平整美观的胶条；（3）该涂胶技术可推广应用于其他有涂胶需求的卷烟设备。但该涂胶系统在实际应用中发现，当自粘软盒包装机的速度超过260包/min时，随着包装机振动幅度的增大，通过脉冲编码器获得的商标纸运动速度曲线变得更加不光滑，在选取刮胶的起点与终点时误差会变大，由此导致涂出的胶条在长度方向的误差增加。因此，还需对该系统在高速状态下的涂胶效果进行优化和改进。

（四）硬盒施胶系统

1. 商标纸输送工艺流程

商标纸堆叠放在码放输送带上，由码放输送带向商标纸库上方输送。垂直输送器根据光电管的指令将商标纸送入纸库，纸库底部的商标纸吸纸器吸取单张商标纸，然后放在横向输送带的空模盒内，由横向输送带呈步进状态向纵向输送通道输送。商标纸运动至纵向输送通道，由提升器提升后推入纵向输送通道（见图7-21）。

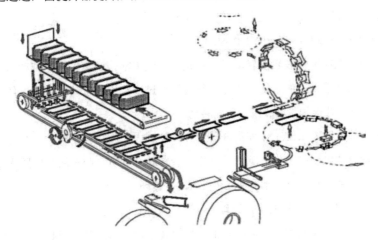

图 7-21　商标纸输送示意图

商标纸在展开辊轮的夹持下向前输送，当商标纸到达上胶装置时，通过上胶装置的上胶压轮的压力，迫使商标纸硬性地将涂胶轮表面附着的乳胶"蹭走"，涂胶轮对商标纸的非印刷面两侧和中间的上胶点进行涂胶，通过涂胶轮和上胶压轮在旋转过程的压紧下完成商标纸上胶，最后由加速输送辊送往下道工序（见图7-22）。

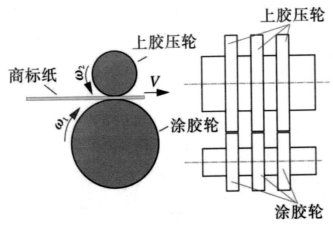

图 7-22　小盒商标纸上胶装置的涂胶示意图

涂胶轮一般按同一方向转动，伴随乳胶的涂敷。涂胶均匀状况和涂胶量的大小，会直接影响产品质量。传递到商标纸上的胶量取决于乳胶的流变特性、胶水缸刮刀调节程度以及上胶压轮与商标纸接触的表面积。上胶压轮与商标纸接触的表面积越大，乳胶与商标纸间的作用力就越大。在涂胶过程中，存在乳胶与涂胶轮和商标纸两个固液界面，如果乳胶与商标纸间的作用力大于乳胶与涂胶轮间的吸附作用，将有利于涂胶过程；反之，则容易造成涂胶不均匀的现象。

2. 商标纸胶缸涂胶轮及上胶压轮的工作原理

（1）商标纸胶缸涂胶轮的工作原理

小盒商标纸胶缸涂胶轮的转动是由主机五号轮下部传动箱输出轴带动的。输出轴通过联轴器带动连接轴上的一组斜齿轮，斜齿轮通过过渡齿轮带动离合器组件，离合器组件带动花键轴，花键轴带动胶缸涂胶轮转动。

当主机停机时，气缸工作使离合器脱开，胶缸内涂胶轮停止转动。经过一定延时后胶缸涂胶轮驱动电动机工作，驱动胶缸涂胶轮转动，以防止胶缸涂胶轮胶水干结。主机运行时，小盒商标纸胶缸离合器复位和机器同步转动。

（2）商标纸上胶压轮的工作原理

四个上胶对衬压轮固定在齿轮套上，齿轮套通过轴承安装在偏心轴上。由商标纸输送系统传递动力通过齿轮套带动对衬轮转动。

机器停机以后，偏心轴一端的内齿摆臂在汽缸的作用下使偏心轴旋转一定的角度，偏心轴的旋转使对衬轮抬起，使得商标纸与涂胶轮脱离。

调整方法：松开螺丝 E 后，用螺丝 Q 调整对应衬轮 G，使涂胶轮与上胶量压轮平行，两轮之间的距离是一张商标纸的厚度，是通过调整螺丝 N 完成的。这项调整是在工作状态 N 靠紧 V 时进行（见图 7-23）。

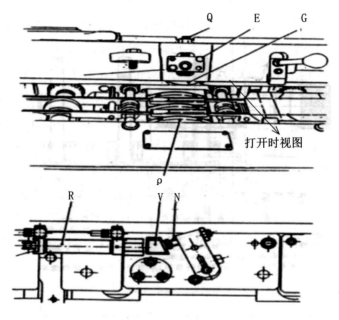

图 7-23　上胶压轮工作原理及调整示意图

人们根据生产中出现的问题，对施胶装置进行了不断的优化改进，比较典型的有以下几项：

为了解决覆膜商标纸易出现小盒开口、铝箔纸粘贴不牢、小盒打不开等质量缺陷问题，周景秋等对 GDX2 商标纸涂胶反衬辊进行了改进：将涂胶反衬辊改为实心式结构，使得涂胶反衬辊与商标纸接触面增大，涂胶反衬辊选用耐磨材质，在商标纸涂胶反衬辊的轮体上开 6 个工艺孔，使改造后的商标纸涂胶反衬辊与原来的反衬辊重量一样，以减轻轴承磨损；刮胶板与胶辊之间的间隙调整为 0.05 mm，以增大商标纸涂胶辊胶量，将商标纸涂胶反衬辊与商标纸涂胶辊之间的间隙调整为 0.2 mm，商标纸输送辊之间的间隙调整为 0.15 mm。

张彬对 GDX2 型包装机组涂胶工艺及结构进行了改进，提高了产品质量，减了 53.1% 的乳胶消耗，降低了生产成本，取得了较好经济效益。具体的改进措施如下：

（1）改进商标纸涂胶工艺

①对商标纸 A1 胶区进行涂胶方式改进。在 A1 胶区胶区总长不变的情况下，对其进行"小胶区"改造，按 4 组"小胶区"的组合方式，胶点按 4×3 排列，4 组"小胶区"胶区的间隔距离均为 12 mm，将靠近尖角区域胶点调整为三角形分布（见图 7-24）。改进后胶点数量由 135 个降为 46 个，黏合面积由 510 mm^2 降低为 159 mm^2。②改进商标纸 B1 胶区。商标纸 B1 胶区用于粘贴内框纸正面，将 B1 胶区由原来的中间一个区域改为左右对

称的两组"小胶区"，见图 7-25。③改进铝箔纸 C1、C2 胶区。铝箔纸 C1、C2 胶区与内框纸 B1 胶区共用一个上胶轮，当 B1 胶区改进后上胶轮的位置和数量也相应发生了改变，因此铝箔纸 C1 和 C2 必须进行相应改进。首先将铝箔纸背面 C2 胶区改为与内框纸正面胶区相似的两组"小胶区"，见图 7-25，改后胶点由 35 个降为 24 个；其次改进 C1 胶区，因烟包正面上部的内框纸使 C1 胶区周围商标纸与铝箔纸之间存在着间隙，如将两组"小胶区"改在 C1 区两侧会使"小胶区"与铝箔纸不能紧密接触。为此将 C1 胶区改为烟包两侧面分布，见图 7-25，胶点按 4×3 排列，改后胶点由 45 个降为 24 个，且两侧面商标纸与铝箔纸能紧密接触、粘贴牢固。④改进其他胶区。将 A2 区胶点分布改为三角形分布，见图 7-26 和图 7-27，改后将两组 A2 胶区 40 个胶点降为 30 个；将两组 B2 胶区改为 4×3 排列的"小胶区"，胶点数量由 40 个降为 24 个，见图 7-26 和图 7-27。

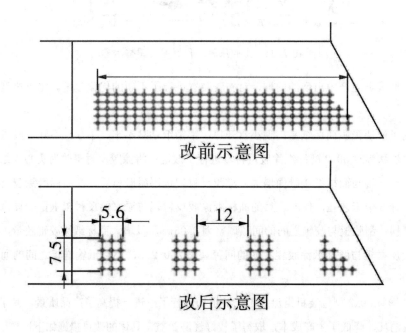

图 7-24　A1 胶区改前、改后示意图

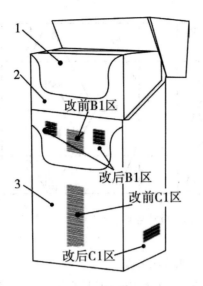

图 7-25 B1、C1 胶区改前改后示意图

1—铝箔纸；2—内框纸；3—商标纸

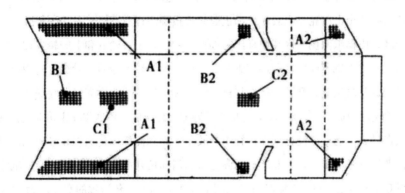

图 7-26 改造前商标纸涂胶分布示意图

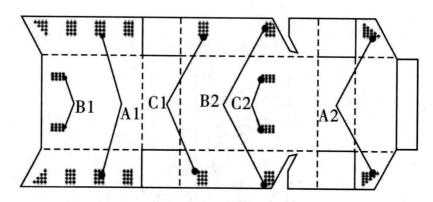

图 7-27 改进后商标纸涂胶分布示意图

（2）改进设备以适应新的涂胶工艺

在商标纸涂胶工艺确定后，为实现新的涂胶方式，保证设备高效运行，必须对 GDX2 型硬盒包装机组涂胶及输送部件进行改进。

①改进商标纸涂胶部件。涂胶轮对商标纸进行滚压涂胶，是商标纸涂胶的关键部件，商标纸涂胶工艺改进后必须对涂胶轮进行重新改进和设计。改后的涂胶轮如图 7-28 所示，涂胶轮共有 4 个上胶轮，上胶轮 a 和上胶轮 d 按顺序设有商标纸长边 4 组胶区、铝箔纸两侧胶区、内框纸两侧胶区和商标纸盖面侧边胶区，上胶轮 b 和上胶轮 c 按位置要求设计了相应的内框纸正面胶区和铝箔纸背面胶区。涂胶轮改造后，对涂胶轮相应的零部件如对衬辊、胶缸刮架、刮胶块等进行重新设计和改造。②改进商标纸输送通道。商标纸涂胶后的输送通道由 4 组导轨、5 对传送辊等零部件组成，传送辊在主传动的传动下驱动商标纸在导轨上运行。商标纸在运行中乳胶不能粘到商标纸传送辊和导轨上，否则会增大商标纸运行中的阻力，引起严重的商标纸歪斜和堵塞故障。改进后的商标纸涂胶工艺中两组 C2、B1 胶区的距离为 25mm（见图 7-28），而 5 对传送辊的宽度均为 34mm，因此必须对传送辊进行相应的改造，否则乳胶将会直接涂在传送辊上引起商标纸堵塞故障。考虑到商标纸运行中存在着窜动，因此 5 对输送辊的宽度设计为 18mm，使商标纸胶点与传送辊之间有 3.5mm 的间隙，保证商标纸运行中即使发生窜动也不会将胶液粘到传送辊上。

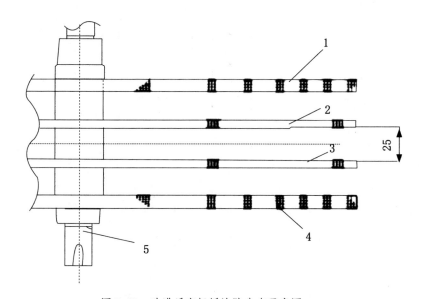

图 7-28　改进后商标纸涂胶分布示意图

1—上胶轮 a；2—上胶轮 b；3—上胶轮 c；4—上胶轮 d；5—轴

　　商超针对 GDX2 包装机上胶装置的设计缺陷导致涂胶不均匀，引起小盒商标纸折叠不良、维修耗时长等问题，对上胶压轮、上胶压轮轴等进行了针对性的设计改进，将整体式上胶压轮改造成 3 个独立的上胶压轮。通过对上胶装置的技术改进，提高了商标纸的上胶均匀性，解决了 GDX2 包装机商标纸因上胶不良而引起的商标纸折叠不良的一系列质量问题，节省了维修时间和维护费用，达到了提高设备的有效作业率及产品质量的目的。具体改进措施如下：

　　导致国产的 GDX2 设备的小盒商标纸涂胶不均匀、折叠不良问题的主要原因是国产机型的上胶压轮存在凹陷结构，上胶压轮与商标纸的接触面积小，且存在的凹陷部位容易引起商标纸拱起。因此，将上胶轮的凹陷部分改造为平面光滑结构；针对进口机型的上胶压轮磨损之后维修更换的工作量大、耗时长的问题，通过将整体式上胶压轮装置改造成 3 个独立的上胶压轮，并重新加工一根上胶压轮轴，改造原上胶压轮的固定方式，将原来的轴向固定方式改为径向固定，将 3 个独立的上胶压轮通过螺栓固定在上胶压轮轴上，以达到方便拆装、节省维修时间的目的（见图 7-29 和图 7-30）。

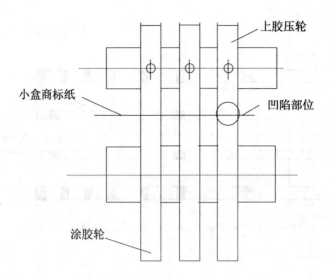

图 7-29　改进前商标纸涂胶装置示意图

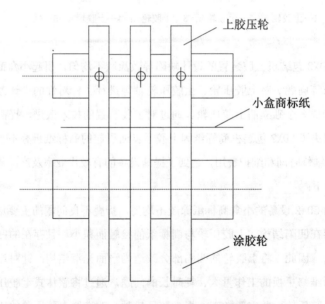

图 7-30　改进后商标纸涂胶装置示意图

　　邓超等通过研制 YB45 型（GDX2）细支型商标纸上胶压胶轮自动清洁装置，对上胶压轮进行清洁，有效地减少了原有的上胶压轮装置导致的商标纸故障和质量缺陷，节省了维修时间和维修费用。具体改进措施如下：

　　设计上胶压胶轮自动清洁装置：根据商标纸输送门上防护罩右侧的两个螺钉孔，正好与上胶压轮处于一个平行位置，以此为支点设计一个U型支座，支座的外侧面设计两个活动摆杆，通过连接轴与支座连接，清洁轮通过转动轴与轴承连接安装在活动摆杆的端部。考虑到吸附、耐磨等工作要求，清洁轮采用生化棉作为清洁材料，生化棉一般由聚醚、聚酯组成，相较于过滤棉有弹性好，不易磨损，孔大、疏松便于吸附胶液，易于清洁等特点。当上胶压轮机构涂胶面转动时与清洁轮接触，利用物体接触摩擦原理反向转动，使上胶压轮胶水粘结到清洁轮上，起到清洁作用（见图7-31）。

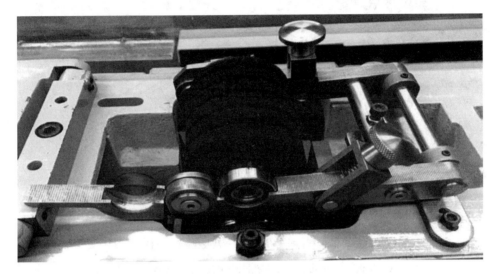

图7-31 上胶压胶轮自动清洁装置效果图

二、条盒包装施胶装置

（一）软盒条盒施胶系统

包装机是卷烟生产过程中的主要生产设备之一。在卷烟包装过程中需要对条盒进行涂胶，软盒条盒涂胶装置由胶桶、胶缸、涂胶辊、涂胶片、胶缸座等组成。软盒条盒包装机采用涂胶辊和涂胶片相配合的方式对条盒进行涂胶。涂胶辊转动架设在盛有胶液的胶缸上，涂胶辊的下部分浸入胶液中，涂胶辊在转动的过程中便使涂胶辊的外表面均沾上一层胶液，多余的胶水被刮胶板刮下只保留涂胶辊表面一层0.5mm厚度的胶液，在涂胶辊的一侧设置随涂胶辊一起旋转的涂胶片，涂胶片与涂胶辊接触，涂胶片粘取涂胶辊上的胶液，条盒纸从导轨上传输过来，在涂胶片与对称辊的作用下，在转动的过程中将胶液涂抹在条盒纸的指定位置，完成条盒涂胶（见图7-32）。涂胶片的运动由涂胶片辊轴带动，每旋转一周完成一张条盒7个上胶点的上胶，即涂胶片辊轴旋转360°为一个上胶周期。

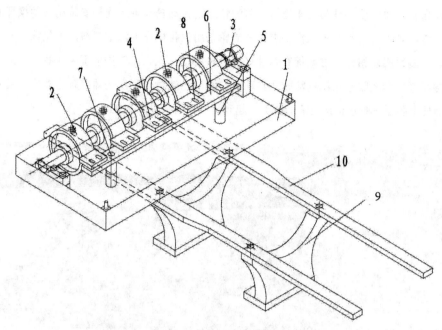

图 7-32　软条盒涂胶装置的立体结构示意图

1—胶缸；2—涂胶棍；3—安装轴；4—刮胶板；5—立柱；

6—托板；7—沉孔；8—安装孔；9—底座；10—导轨

（二）硬盒条盒施胶系统

硬盒条盒涂胶装置由胶桶、胶缸、涂胶辊、涂胶片、胶缸座等组成。硬盒条盒包装机采用涂胶辊和涂胶片相配合的方式对条盒进行涂胶。涂胶辊转动架设在盛有胶液的胶缸上，涂胶辊的下部分浸入胶液中，涂胶辊在转动的过程中便使涂胶辊的外表面均沾上一层胶液，多余的胶水被刮胶板刮下只保留涂胶辊表面一层 0.5mm 厚度的胶液，在涂胶辊的一侧设置随涂胶辊一起旋转的涂胶片，涂胶片与涂胶辊接触，涂胶片粘取涂胶辊上的胶液，条盒纸从导轨上传输过来，在涂胶片与对称辊的作用下，并在转动的过程中将胶液涂抹在条盒纸的指定位置，完成条盒涂胶（见图 7-33）。涂胶片的运动由涂胶片辊轴带动，每旋转一周完成一张条盒 7 个上胶点的上胶，即涂胶片辊轴旋转 360° 为一个上胶周期。

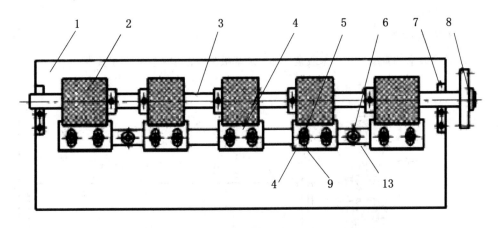

图 7-33 硬条盒涂胶装置的结构示意图

1—胶缸；2—涂胶棍；3—安装轴；4—刮胶板；5—螺钉；

6—螺栓；7—支撑架；8—齿轮；9—长圆孔；13—固定条

由以上介绍可知，条包施胶装置不论是软盒还是硬盒结构与原理均相似。人们根据生产中出现的问题，对施胶装置进行了不断的优化改进，比较典型的有以下几项：

罗启针等对 ZB45、ZB25 机组 CT 条盒涂胶装置在实际生产和维修中容易产生质量问题和维修不方便，包括整体式刮胶板施胶量不易控制，传动连接为销连接，维修不方便，胶盒体积太大，造成胶液浪费等问题，将整体式刮胶板改为分体式刮胶板，将涂胶轮轴的销连接改为键连接，缩小胶盒尺寸。改造后方便了涂胶量调整，且涂胶效果得到很好的保证，机台废品率大幅度降低，节约了生产成本，缩短了维修时间，提高了设备有效作业率，降低了设备维修费用。具体改进措施如下：

1. 刮胶装置的改进

将原刮胶板整体式改为分体式，将刮胶板分成 5 个小刮胶板，实行分段控制胶量，可任意调整每个胶点胶量的大小，刮胶板采用尼龙材质，即使胶辊有了变形也能靠材料本身的弹性保证刮胶效果。刮胶片镶在支承条的槽子中；改进支承条，支承条采用不锈钢材质，在支承条上铣出五个槽子（深度 6mm），便于调节，槽的宽度与对所需安装的刮胶板宽度一致。

2. 涂胶轮轴的改造

将涂胶轮轴的销连接改为键连接，在涂胶轮轴上铣一键槽，轴端打一丝孔，齿轮一侧靠轴肩轴向定位，加一垫圈及紧固螺丝，完成轴向定位，平键与轴上键槽、齿轮上键槽完成圆周定位，轴与齿轮孔配合完成径向定位，替代原来的销定位及紧固（见图 7-34

和图 7-35）。

3. 胶盒改造

改变胶盒的宽度，在原来胶盒中加一道隔板将胶盒实际存胶面积减少。

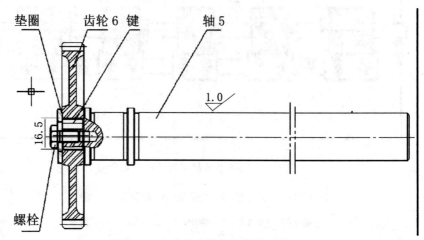

图 7-34　改进后上胶轮装配示意图

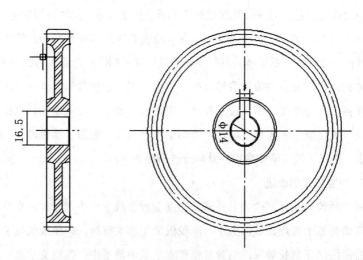

图 7-35　齿轮键槽示意图

陈元利等针对 GDX1 包装机组原条盒上胶装置对上胶量缺乏有效控制，造成 7 个上胶点上胶不均匀，且零件受乳胶腐蚀需经常清洗、更换等问题，对该上胶装置进行了改进：设计了密闭式上胶装置，将原上胶器改为上胶嘴，上胶全过程采用 PLC 程序控制，保证了 7 个上胶点稳定均匀地上胶，减少了胶液损耗，降低了工人劳动强度、配件损耗和设备故障率。具体改进措施如下：

1. 工作原理

将原上胶器改为上胶嘴，每个上胶点对应一个上胶嘴上胶，上胶嘴的运动由气缸控制，当气缸向前，上胶嘴与条盒接触，开始上胶，气缸后退，结束上胶。气缸的动作由相应的电磁阀控制，电磁阀通过 PLC 程序控制。

2. 电气部分

改进后上胶装置的电气控制原理（见图 7-36）：轴编码器安装在 GDX1 传动轴上，将传动轴的位置信号转换为脉冲信号输送给 PLC，经过 PLC 运算后将其转换为角度值，将该值与触摸屏设定的角度值进行比较，根据计算结果控制 PLC 的输出。在上胶角度范围内，且条盒传感器检测到条盒到位，PLC 输出信号至继电器，电磁阀通电，气缸向前，上胶嘴与条盒接触给条盒上胶。当上胶线达到设置的上胶长度（与上胶角度对应），PLC 输出信号控制继电器分离，电磁阀断电，气缸后退，上胶嘴与条盒分离，停止上胶。通过触摸屏可根据各上胶点的上胶线长度及对应相位，任意设置各上胶点的上胶角度范围，从而实现对各上胶点的精确控制。

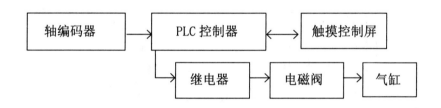

图 7-36 改进后上胶装置电气控制示意图

3. 机械部分

改进后的供胶系统由胶桶、胶液分配器、上胶嘴组成，其中上胶嘴的加工必须保证钢球与胶嘴之间的密封，避免漏胶（见图 7-37）。乳胶在胶桶内经压缩空气压缩后通过胶管传输给分配器，由分配器将乳胶分送给每个上胶嘴。上胶时，电磁阀控制气缸带动上胶嘴前移，上胶嘴前端钢球与条盒接触，钢球后移，乳胶从上胶嘴喷出，达到上胶长度后，电磁阀控制气缸带动上胶嘴后退，钢球复位，停止上胶，完成一次上胶动作。上胶线的长度由该上胶点的上胶相位（即角度）确定，以保证精确上胶。其中，从主机分气缸送来的压缩空气一路经过节流阀 2 至胶桶，将胶液压到各上胶嘴，另一路经过节流阀 1 后由 7 个电磁阀分别控制 7 个气缸动作（见图 7-38）。

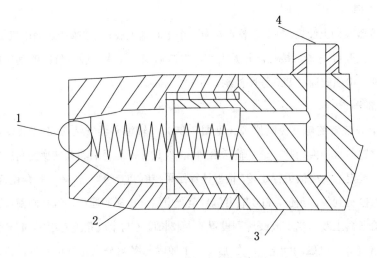

图 7-37　上胶嘴示意图

1—钢球；2—胶嘴；3—上胶体；4—胶管接口

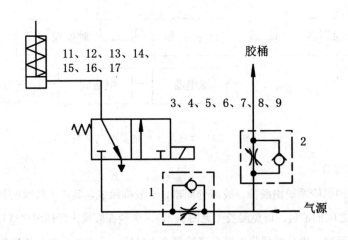

图 7-38　压缩空气系统原理图

1～2—节流阀；3～9—电磁阀；11～17—气缸

　　王延益等针对原有 YB65 包装机条盒上胶装置存在的弊端，设计了一种条盒光电式自动喷胶装置，降低了包装胶浪费，优化了卷烟生产和设备保养流程，降低了劳动强度，提高了卷烟生产效率。具体改进措施如下：

　　该条盒光电式自动喷胶装置由光电管、喷胶嘴、控制器、电磁阀、胶量调节阀和封闭胶缸构成（见图7-39）。工作原理：光电管通过检测条盒达到位置，确定涂胶点，利用控制器延时功能控制电磁阀使喷胶嘴对涂胶点进行喷胶，其中胶量调节阀控制喷胶嘴施胶量大小，风量调节阀控制密闭胶缸内空气压力大小，是施胶的动力，在胶量调节阀和分量调节阀协同作用下，喷胶嘴将包装胶均匀准确地喷涂到条盒特定涂胶位置。

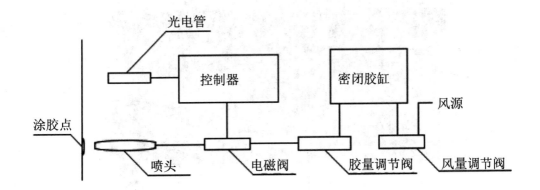

图7-39　光电式自动喷胶装置结构图

　　安装后的条盒光电式自动喷胶装置如图7-40所示，该装置共设计安装了7个喷胶嘴，分别对应条盒11处施胶点，通过PLC延时功能实现对各施胶点准确施胶，并且通过调节气压确定适合的涂胶量。同时，各管路安装有检测装置及控制元件，可手动测试喷胶嘴是否堵塞。

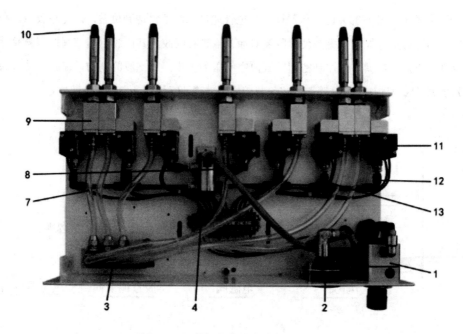

图 7-40　光电式自动喷胶装置实物图

1—气压调节阀；2—压力表；3—分胶缸总成；4—接线排；7—出胶管；8—气管；

9—胶枪组件；10—喷胶嘴；11—电磁阀；12—直型接头；13—角接头

金义龙等针对现有喷射式包装纸涂胶装置的不足，对喷胶嘴进行了改进，改变了上胶方式，由喷射式改为涂抹。通过接触涂抹式，涂胶点位置和胶量大小可控性强，提高了涂胶可靠性和稳定性；涂胶嘴内特殊结构保证了在涂胶结束后喷胶嘴的密封性，有效防止了由于喷胶嘴溢胶造成的胶垢污染（见图 7-41）。具体改进措施如下：

该装置包括涂抹装置和气缸主体。涂抹装置包括密封腔和储胶腔，密封腔和储胶腔相连通，密封腔的前端开口处有一陶瓷珠，在密封腔有一弹簧，抵接于陶瓷珠后方，储胶腔与进胶管相连；气缸主体内有活塞杆、连接体和弹簧，活塞杆与储胶腔相连。工作原理：当条盒输送到涂胶位置时，PLC 控制下电磁阀打开，压缩空气进入气缸，气体通过活塞杆、连接体推动储胶腔和密封腔向前运动，同时，接装胶通过胶管被气体压入储胶腔，在条盒涂胶支撑板的按压作用下，陶瓷珠下移，接装胶从涂胶嘴陶瓷珠周围的缝隙中溢出，对条盒进行涂抹上胶；涂胶结束时，PLC 控制下电磁阀关闭，在弹簧的作用下，活塞杆带动储胶腔和密封腔复位，同时，陶瓷珠在弹簧的作用下复位，涂抹装置停止涂胶并恢复密封。完成一个涂胶循环。

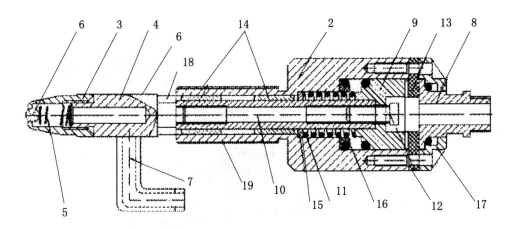

图 7-41　改进的喷射式包装纸涂胶装置结构示意图

1—涂抹装置；2—气缸主体；3—密封腔；4—储胶腔；5—弹簧；6—陶瓷珠；7—进胶管；

8—进气接头；9—连接体；10—活塞杆；11—弹簧；12—螺钉；13—胶垫；

14—铜套；15—垫子；16—密封圈；17—端盖；18—螺母；19—螺纹

三、自动装箱施胶装置

严格地说，自动装箱系统大部分没有设置施胶装置，封箱主要靠封箱胶带来完成。但为了装箱美观、平整，有些卷烟厂在烟箱封口前对烟箱盖的内箱盖（小压盖）进行喷胶。为了更好地了解装箱过程如何施胶，先简单介绍一下装箱过程：条烟从上游机经过输送带被送往堆叠站；条烟产品在堆叠站被按层分组堆叠，每层堆放 5 条，总共堆叠 5 层；纸箱从纸箱库中被取出，通过带真空吸嘴的摆臂打开，放在支架上，在套口的作用下支撑开纸箱盖，防止在烟堆进入纸箱过程阻挡烟堆的进入；输入推子把烟堆推入打开的烟箱内，一只烟箱须推入两次烟堆，共计 50 条；烟箱填满后，烟箱盖的小压盖先被折叠，整个纸箱被向下道工序推移，在移动过程中，小压盖上被喷上热熔胶（或水基胶），大压盖经折叠压在小压盖上盖住烟箱；烟箱在胶带封箱工位被自粘式胶带封口，再被打上号码后继续向下输送（见图 7-42 和图 7-43）。以上装封箱过程由 PLC 控制器控制，自动完成。

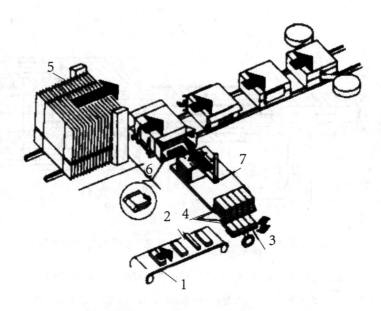

图 7-42　封箱过程工作原理图

1—输送带；2—条烟；3—堆叠站；4—角铁托盘；5—纸箱库；6—套口；7—推子

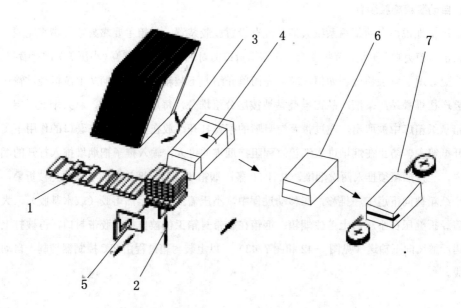

图 7-43　封箱系统局部结构示意图

1—输送带；2—堆叠站；3—烟箱吸取；4—烟箱打开成型；

5—推进装置；6—盖上下压盖；7—封箱

由以上装箱过程可知：烟箱小压盖施胶只是整个装箱过程的一个小的组成部分。下面以热熔胶喷胶系统为例进行介绍。

条烟装封箱机热熔胶系统主要由热熔胶箱、喷枪模块、喷枪、热熔胶机、输胶管以及压力表组成，见图7-44。其中，美国Nordson公司生产的ProBlue热熔胶机主要在设定温度下熔化固态热熔胶并使其以液态形式从胶泵泵出。该胶机采用自动扫描模式工作，可在230℃以下自动控制胶箱、输胶管和喷枪的温度，保证温度处于设定范围，并具备故障报警功能。工作时，喷枪电磁阀打开，胶泵将液态热熔胶从胶箱输送到喷枪，在外接压缩空气为0.6 MPa的稳定压力下完成施胶过程，最多可连接4根输胶管同时施胶。

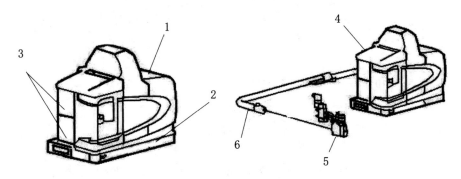

图7-44 热熔胶系统结构图

1—热熔胶箱；2—压力表；3—喷枪模块；4—ProBlue热熔胶机；5—喷枪；6—输胶管

该系统配备有2根带加热保温功能的输胶管和4个喷枪。根据喷枪的外部形状加工了2个支架，安装在条烟装箱工位两侧用来固定热熔胶喷枪，热熔胶喷枪与烟箱的相对位置见图7-45。工作时，胶机将固态的热熔胶熔化后保持在设定温度，条烟装封箱机完成条烟装箱动作后，先将4个小压盖折叠到位，然后控制烟箱推板将烟箱沿支撑导轨向胶带封箱工位方向推动，喷枪对运行中的烟箱小压盖进行喷胶，喷枪的启动和关闭由装封箱机轴编码器的相位进行精确控制。喷胶完成后，利用设备原有的两侧压板将烟箱的大小压盖压紧进行粘接。

封箱施胶装置的工作原理：条烟装封箱机正常运行时，PLC周期性地扫描轴编码器的相位并进行数据处理，以确定烟箱实际位置。同时PLC与上位工控机保持实时通讯，通过上位工控机的人机界面对烟箱小压盖喷胶的启停位置进行设定。当烟箱位置处于设定的喷胶范围内时，PLC控制热熔胶系统进行喷胶，超出范围则停止喷胶，在压板的作用下实现烟箱大压盖与小压盖自动粘接。

为保证粘接牢固，热熔胶系统采用了双喷枪设计，在每个烟箱的侧面对4个小压盖各喷射两条胶线，共8条胶线（图7-45），加之两条封箱胶带，将烟箱粘接成一个牢固的整体。由于热熔胶的快干特性，成品件烟在进入机器人堆垛系统前胶线已冷却固化，保证了成品件烟在机器人吸力的作用下外部形状的方正和紧实。

水基胶喷胶装置及原理与热熔胶类似，只是没有热熔胶的加热与保温系统。

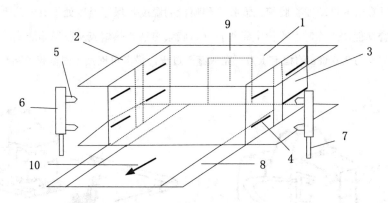

图 7-45　烟箱胶线位置示意图

1—烟箱；2—烟箱大压盖；3—烟箱小压盖；4—胶线位置；5—喷枪；6—喷枪支架；

7—输胶管；8—烟箱支撑导轨；9—烟箱推板；10—烟箱运动方向

人们根据生产中出现的问题，对施胶装置进行了不断的优化改进，比较典型的有以下几项：

李小冲为了解决热熔胶喷枪被杂质堵塞，胶水不能正常喷出，导致未喷上胶或者胶长不够，引起条盒包装过程中的质量问题，设计了一种基于 Snake-Eye 传感器的包装箱上热熔胶检测系统，通过工控机界面实时显示热熔胶的长度以确定包装箱上热熔胶是否达到标准。

热熔胶检测装置主要是由工控机通过串口与控制器相连。控制器通过单片机采集8个 Snake-Eye 传感器感知热熔胶起始和结束时间，并在实验室界面将开始和接受的时间通过串口传递给上位机；在主界面通过计算箱子的运行速度，并获取到 Snake-Eye 传感器感知热熔胶起始和结束时间从而计算出热熔胶的长度，并通过串口传递给上位机。热熔胶检测器系统设计如图7-46所示。

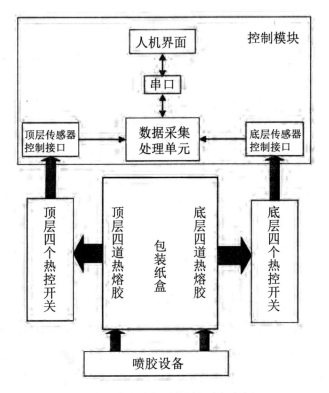

图 7-46　热熔胶检测装置组成框架图

封箱是卷烟工业生产中的最后一个环节，是由封箱机完成的，而封箱前，热熔胶胶枪会进行喷胶操作，而包装质量的好坏跟热熔胶的喷胶质量关系很大。因此热熔胶喷胶质量的检测是必不可少的，目前热熔胶喷胶质量的检测一般采用红外感应装置，该检测方式的缺点是成本高，可靠性一般，为克服现有检测装置的缺陷，宜采用机器视觉技术进行检测。徐洋等介绍了一种基于机器视觉技术的自动封箱机热熔胶喷涂质量检测方法，提出的检测方法可以规避传统的红外检测方法受现场振动影响检测结果不可靠不准确的缺点，可有效提升产品包装质量。

（一）检测原理

卷烟封箱机热熔胶的检测装置由蓝色条形 LED 光源、工业相机和计算机组成，工业相机与计算机连接，蓝色条形 LED 光源的中心轴与香烟纸箱呈 20°夹角；工业相机的镜头中心轴与香烟纸箱呈 50°夹角，工业相机的镜头前安装有蓝色带通滤光片，蓝色条形 LED 光源的中心轴与工业相机的镜头中心轴相交于待测热熔胶处，如图 7-47 所示。

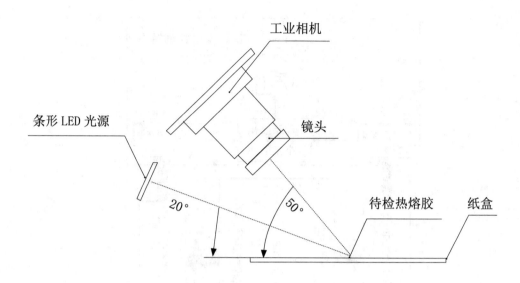

图 7-47　检测光路示意图

　　采用蓝色条形 LED 光源照射热熔胶，使热熔胶在蓝光的照射下与纸箱其他区域形成鲜明对比，如图 7-48 所示。相机镜头前安装蓝色带通滤光片，避免其他颜色光线干扰，滤除不需要的颜色分量，使热熔胶成像质量最佳。工业相机采集热熔胶图像并传送至计算机，计算机首先通过预先设定的蓝色分量阈值进行阈值分割，来对热熔胶图像进行二值化处理，如图 7-49 所示。然后对提取后的热熔胶图像分别进行水平投影和垂直投影，通过水平投影可以计算出热熔胶的宽度，通过垂直投影可以计算出热熔胶长度，如图 7-50 所示。最后在检索到的热熔胶长度内进行二次检索，判断热熔胶是否中间断裂（如图 7-51 和图 7-52 所示），通过热熔胶的长度及中间是否断裂可以判断出热熔胶是否存在涂布质量不合格的问题。

图 7-48　热熔胶在蓝色光源照射下的图像

图 7-49 热熔胶图像二值化处理后的图像

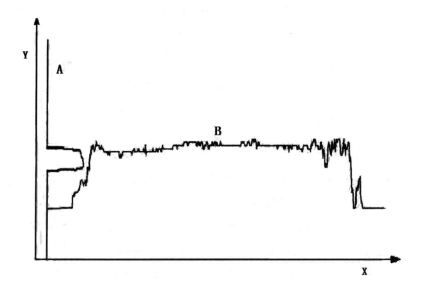

图 7-50 热熔胶图像在 X 和 Y 方向的像素投影

图 7-51 中间断裂的二值化热熔胶图像

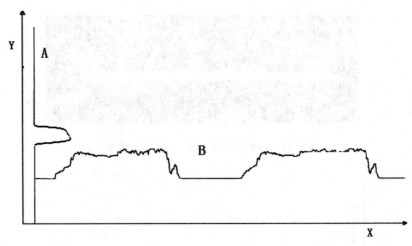

图 7-52　断裂热熔胶的 X 和 Y 方向像素投影

（二）检测步骤

1. 采集热熔胶图像：打开卷烟封箱机热熔胶的检测装置的蓝色条形 LED 光源，调节工业相机镜头，采集热熔胶图像并传输给计算机。

2. 提取图像：计算机根据预先设定的蓝色分量阈值对采集的热熔胶图像进行阈值分割，根据阈值分割结果提取图像。

3. 计算热熔胶宽度：对提取图像的行像素灰度值进行水平投影，得到 A 曲线，以 A 曲线的两端点为起点分别往另一端点搜索第一个稳定的上升沿，两端都在搜索到第一个上升沿后中止，两个上升沿之间的距离即为热熔胶的宽度。

4. 计算热熔胶长度：对提取图像的列像素灰度值进行垂直投影，得到 B 曲线，以 B 曲线两端点为起点分别往另一端点搜索第一个稳定的上升沿，两个上升沿之间的距离即为热熔胶的长度。当计算得到的热熔胶长度值小于设定的长度阈值时，则认为热熔胶长度不足。

5. 计算热熔胶断裂长度：搜索 B 曲线上热熔胶长度之间的所有下降沿，当搜索到满足条件的下降沿后，记录该位置并继续搜索临近的上升沿，计算两点之间的间距值，当计算的间距值大于设定的断裂阈值时，则认为热熔胶中间断裂，间距值即为热熔胶的断裂长度。

四、封箱胶带

封箱胶带是卷烟装箱过程中必不可少的包装材料，主要功能是用来对卷烟包装箱进行封口。封箱胶带是以 BOPP 双向拉伸聚丙烯薄膜为基材，经过均匀涂抹压敏胶乳液，使其形成 8μm-28μm 不等的胶层，是轻工业类企业、公司和个人生活中不可缺少的用品。使用双向拉伸聚丙烯薄膜（BOPP）压敏胶粘带封箱是卷烟封箱的主要方式。现有封箱用胶带生产过程中，一般是通过涂布头将胶水均匀涂布在原膜（基材）上，形成母卷，再通过分条机分切成规格不等的小卷，作为商品进行销售使用的。

根据国家烟草专卖局构建循环型烟草物流体系的要求，国内烟草行业工商联动，联手开展了烟箱循环利用工作。以往大多卷烟厂在封箱环节中使用热熔胶或水基胶，可使烟箱上下各两组摇盖紧密黏合，保证烟箱在外力作用下不会出现变形、摇盖崩开的现象，从而保护卷烟在装卸和运输过程中不受损害。但是热熔胶或水基胶的使用也有一定弊端，即在烟箱回收整理过程中，易造成烟箱摇盖破损而无法再次使用。为了保证烟箱循环利用工作的顺利进行，各工业公司要求各厂在卷烟生产中一律停止使用热熔胶或水基胶封箱。但在停用热熔胶后，在卷烟封箱、输送、机械手码垛和装卸环节多次出现因烟箱粘接不牢而掉烟、倒垛等事故，一定程度上影响了生产的正常进行。封箱环节使用热熔胶或水基胶时，胶粘带的主要功能是密封、防伪、美观；停用热熔胶后，封箱胶带也要承担起热熔胶或水基胶的粘接功能。这对封箱胶带的剥离强度、持黏性和低速解卷力等关键质量参数又提出了新的要求。合理控制胶粘带关键质量参数，有效提高胶粘带上机适用性，是保证卷烟生产和烟箱循环利用工作顺利进行的重要手段，也是摆在工艺技术人员面前的紧迫课题。

张迎新等通过调整胶粘剂涂层厚度、基材厚度和封箱胶带低速解卷力，研究封箱胶带关键质量参数 180°剥离强度和持黏性的变化规律，并对这些封箱胶带的上机适用性进行验证。发现胶粘剂涂层厚度、胶粘带基材厚度、低速解卷力与胶粘带关键质量参数之间存在显著相关性。针对不使用热熔胶的封箱方式，胶粘剂涂层厚度控制在 27.0±1.5μm 范围内，基材厚度控制在 42.0±1.5μm 范围内，且低速解卷力小于 0.20N/mm 时，胶粘带会有良好的粘接效果，同时能满足上机适用性的要求。

陈培生针对 YP11 自动装封箱机在封箱过程中有封箱胶带粘贴不牢和搭口卷边等现象，在装封箱机封箱胶带粘贴部件出口加装了吹风检测装置，并对烟箱输送带安装位置进行了改造，较好地解决了封箱胶带粘贴不牢和搭口卷边问题，提高了产品外观质量，减轻了操作工的劳动强度，提高了设备运行稳定性。具体改进措施如下：

1. 加装了吹风检测装置。封箱胶带吹风检测装置由光纤头、支座、时间继电器、电磁阀、吹风头组成，见图 7-53。该装置加装于装封箱机封箱胶带粘贴部件出口处，以保证封箱胶带能够可靠粘贴在烟箱接口处。工作原理：当机器正常运行时，光纤探头检测到成品烟箱时继电器工作，由继电器控制时间继电器，再由时间继电器控制电磁阀，电磁阀控制自制吹风头工作。自制吹风头上有两排气孔，两排气孔之间有一定的角度，在风力的作用下，使得原来封箱胶带粘接不牢的地方粘贴牢固，解决了成品烟箱搭口处封箱胶带粘贴不牢和搭口卷边等问题。胶纸吹风检测控制原理见图 7-54。

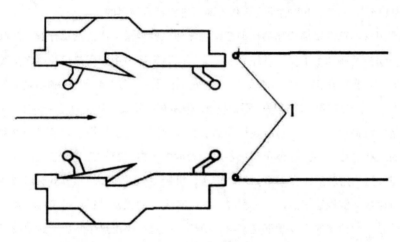

图 7-53　吹风装置安装示意图

1—吹风头

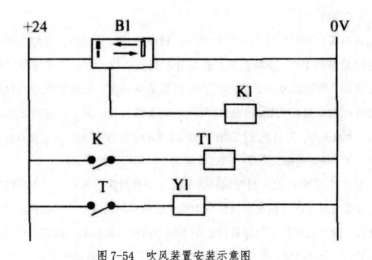

图 7-54　吹风装置安装示意图

B1—光纤头；K1—继电器；T1—时间继电器；Y1—电磁阀

2. 齿形带安装位置改造。对封箱机推移延长部分的两根同步齿形带安装位置进行改造，见图7-55。移动两个齿形带的安装位置，使得烟箱下方的两根卸箱齿形带分别位于烟箱下方的顶部和底部，并与上方的两根齿形带对称，保证了装满条烟的烟箱在整形和粘贴过程中受力均匀，使烟箱在输送过程中运行平稳。

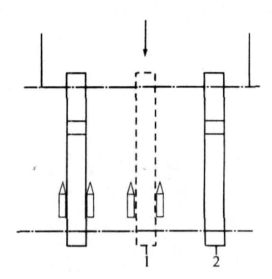

图 7-55　改造前后齿形带安装位置示意图

1—齿形带原安装位置；2—改造后齿形带安装位置

改造后的运行流程为：折叠后的烟箱到达粘封箱胶带机构时，在输送过程中的烟箱触动引入滚轮，在胶带封箱工位，封箱胶带自动粘贴在烟箱上并随烟箱前移，通过在装封箱机封箱胶带粘贴部件出口加装胶带吹风装置，吹实粘贴不牢的胶带；改造后的封箱机推移延长部分的两根同步齿形带安装位置，保证了烟箱在整形和粘贴过程中受力均匀，使得烟箱两侧封口被封箱胶带平整均匀地封住。

李秀伟针对当前部分新烟箱和循环使用的烟箱在封装的时候容易造成封箱胶带粘贴不严，胶带未粘牢固的烟箱在传输的过程中，受到摩擦和碰撞会出现胶带崩开的问题，研发了一种装封箱机智能胶带加固装置（专利号 ZL201721231170.6）。作为封箱机包装质量的把关措施，完成了封箱胶带二次加固，解决了可能产生的胶带开胶质量问题，提升了卷烟企业的自动化水平，保证了生产的安全、稳定。

该装封箱机智能胶带加固装置由烟箱输送带、导箱管、固定架、大气缸、动架、摆臂、压轮、热风装置等组成（见图7-56、图7-57、图7-58）。烟箱输送带的两侧设置有导箱管，两根导箱管之间的间距与烟箱大小相匹配，烟箱输送带的上方设有固定架，固定架和两根导箱管之间合围形成加固通道，固定架内的顶部安装有大气缸，大气缸的活动端沿加固通道轴向动作，大气缸的活动端上固定连接有动架，动架通过直线导轨与固定架连接，动架上对称安装有摆臂，摆臂在烟箱上封箱胶带对应位置设有压轮，压轮的长度与封箱胶带宽度相匹配，摆臂通过压紧装置将压轮压紧在烟箱的封箱胶带上，固定架上还设有热风装置，热风装置的出风口设置在加固通道的进口端的两侧，面向烟箱上封箱胶带的位置。

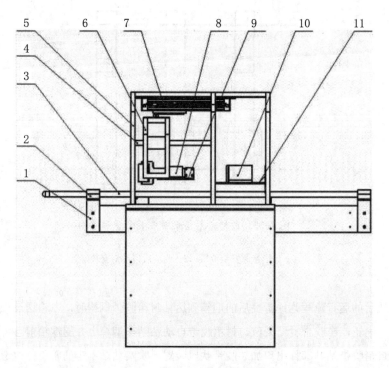

图 7-56 装封箱机智能胶带加固装置主视图

1—下支架；2—管夹；3—导箱管；4—直线导轨；5—固定架；6—动架；

7—大气缸；8—摆臂；9—第一托板；10—热吹风盒；11—第二托板

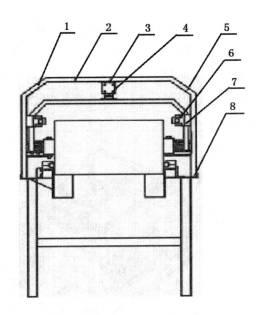

图 7-57　装封箱机智能胶带加固装置侧视图

1—左外罩；2—顶外罩；3—固定板；4—推板；5—右外罩；

6—安装块；7—直线导轨固定座；8—大托板

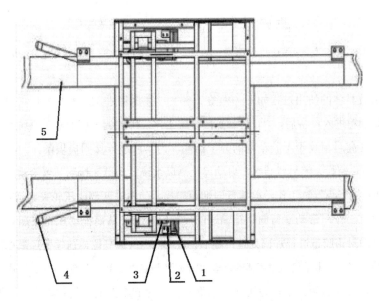

图 7-58　装封箱机智能胶带加固装置俯视图

1—小气缸；2—小气缸支架；32—摆臂支架；4—管堵；5—烟箱输送带

　　本装置通过热风装置利用热风对封箱胶带进行非接触式加热处理，以提高封箱胶带黏结橡胶的分子活性，提升其黏结成功率。然后通过压轮与封箱胶带接触将封箱胶带与烟箱压紧，再通过大气缸带动将压轮沿封箱胶带来回运动，从而实现封箱胶带的二次加固。本装置压轮安装在摆臂上，通过压紧装置利用摆臂的自适应性保证压轮与封箱胶带的压紧度的同时，防止压轮过紧造成的卡死（见图7-59）。

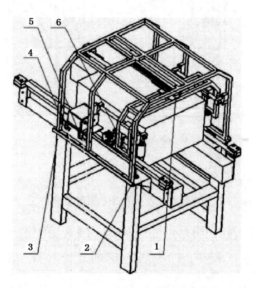

图7-59　装封箱机智能胶带加固装置总装图

1—连接板；2—传感器支架；3—大支架；4—第一检测装置；5—第二检测装置；6—第三检测装置

　　本装置具体的使用过程如下（见图7-59）：在烟箱进入加固装置时，当第一检测装置检测到烟箱进入设备后，PLC控制热风装置工作，用可调温度的热风系统对封箱胶带进行加热。提高封箱胶带上胶粘剂的分子活性，为其后进行加固提供条件。烟箱脱离加热区域时，PLC控制关闭热风装置，自动停止热风系统。当第三检测装置检测到烟箱进入设备时，PLC控制小气缸工作，前摆臂向烟箱靠拢，使左右两侧的压轮夹紧烟箱；同时PLC控制大气缸工作，带动摆臂向烟箱输送的反方向运行，从而拖动压轮在烟箱上运行，对烟箱前端的封箱胶带进行加固处理；随后，PLC将小气缸复位，前摆臂远离烟箱，使压轮脱离烟箱。当第二检测装置检测到烟箱即将离开设备时，PLC控制小气缸工作，前摆臂向烟箱靠拢，使左右两侧的压轮再次夹紧烟箱；同时PLC控制大气缸工作，向烟箱输送的正方向运行，拖动压轮在烟箱上运行，对烟箱终端的封箱胶带进行加固处理；随后，PLC将控制小气缸复位，前摆臂远离烟箱，使压轮脱离烟箱。此时所有气缸均已恢复初始状态，等待下一烟箱进入设备。

吴星辉针对现有封箱用胶带的一面全部带有胶水，封箱后完全粘贴在箱体表面，不易揭开，造成开箱不便等缺陷，研发了一种封箱用胶带涂布装置（专利号ZL201920114529.4）。由主机架以及安装在主机架内部的原膜放卷辊、胶盒、网目涂布辊、刮刀机、压辊、收卷辊等构成（见图7-60）。工作原理：胶盒用于盛放液体胶水；网目涂布辊位于胶盒上方，且部分浸入液体胶水中，在转动的过程中使其表面吸取胶水，网目涂布辊的两端设有光滑带；刮刀机上固定有刮刀，位于网目涂布辊的一侧，用于刮除网目涂布辊表面胶水；压辊用于将经过网目涂布辊的原膜压紧，使网目涂布辊中存储的胶水转移到原膜上；收卷辊在动力机构的驱动下，用于收卷涂布后的半成品胶带。当胶盒中胶水液位下降后，系统通过电泵及时将储胶罐中胶水泵至胶盒中。为了防止储胶罐中的胶水凝固，储胶罐中设有加热装置，便于对储胶罐中胶水进行加热使其熔融（见图7-61、图7-62）。利用网目涂布辊替代传统涂布装置中的涂布头，且网目涂布辊的两端设有光滑带（非光滑区域分布有多个着墨孔，用于存储胶水），不仅使得胶水涂抹更加均匀整齐，而且得到一条两边边缘区域没有胶水的封箱胶带，利用这种封箱胶带封箱后，由于两边边缘区域没有黏性，很容易从边缘拉起整条胶带，便于开箱。

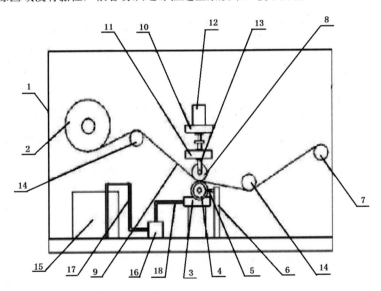

图 7-60　胶带涂布装置结构示意图

1—主机架；2—原膜放卷辊；3—胶盒；4—网目涂布辊；5—刮刀机；5a—刮刀；

6—压辊；7—收卷辊；8—原膜；9—第一支撑座；10—第二支撑座；11—推拉气缸；

12—连接轴；14—张紧辊；15—储胶罐；16—电泵；17—进胶管；18—出胶管

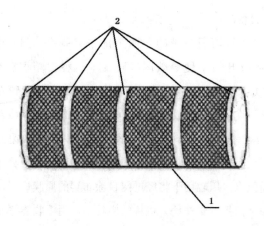

图 7-61　网目涂布轮的立体示意图

1—网目涂布辊；2—光滑带

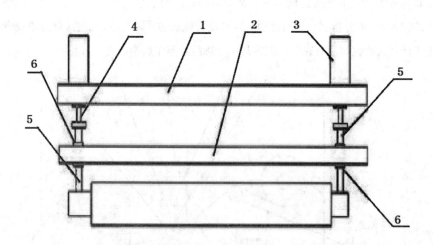

图 7-62　压轮移动驱动机构的侧视示意图

1—第一支撑座；2—第二支撑座；3—推拉气缸；4—推杆；5—连接轴；6—直线轴承

第八章　滤棒热熔胶

热熔胶是一种加热熔融到一定温度变为有一定黏性的液态胶粘剂，具有无溶剂、无水分及室温成固态的特点。热熔胶是卷烟生产制造过程中必不可少的辅料，已广泛应用于卷烟纸张、烟用滤棒和包装盒、箱的粘接。热熔胶主要由聚合物基体、增粘剂、蜡、抗氧剂和填充剂等材料组成，其中以乙烯－醋酸乙酯共聚物（EVA）为基本树脂的 EVA 热熔胶在卷烟生产中应用较为广泛。

目前，热熔胶在烟草行业主要应用在烟用滤棒成型、卷烟小盒、条盒包装、装箱，也有应用于卷烟搭口胶的报道。热熔胶应用最多、最广泛的是滤棒成型，主要应用于滤棒成型纸封边，用作搭口胶，应用于卷烟小盒、条盒包装、装箱等方面，主要是针对一些特性的包装材料。现在包装用胶仍然以水基胶为主。

第一节　应用现状及发展趋势

随着滤棒成型机的发展，从 KDF 系列的 KDF1 到 KDF4，滤棒生产速度越来越快，同时随着复合滤棒以及高透气度滤棒的大量使用，对滤棒热熔胶的要求越来越高。热熔胶在这些年里，也有了新的发展，尤其是烟用热熔胶，现在正向着低温环保的方向发展，产品的使用温度越来越低，粘接强度越来越高，能耗更低，更加环保。

近年来，EVA 热熔胶主要集中在热熔胶的改性研究方面。人们通过接枝改性，改善 EVA 热熔胶的附着力，使 EVA 热熔胶流动性能变强，剪切强度提高，耐低温、耐氧化、耐环境应力开裂等性能提高；通过交联、共聚改性，改善其耐高低温、耐溶剂等性能；通过与纳米无机填料的共混改性，改善热熔胶的粘接性能和流动性，提高热熔胶的力学性能、剥离强度、软化点和黏度；通过反应改性，使 EVA 热熔胶由线性结构转化为立体网状结构，使其力学性能、剥离强度显著提高；通过芳香烃树脂改性 EVA 热熔胶，改善了其软化点、黏度、损耗模量，并在环保、色度、价格等方面均具有一定优势；通过与一种或多种聚合物（例如：热塑性树脂、改性淀粉、苯乙烯－丁二烯－苯乙烯嵌段共聚物、氢化 C5 石油树脂、热塑性聚氨酯、聚酯二醇、萜烯树脂、多异氰酸酯、线性低密度聚乙烯、己内酰胺、聚乙烯蜡、二异氰酸酯等）的多元共混改性，有效地改善了 EVA 热熔胶的性能，降低了生产成本。

近年来，基于环保的需求，可生物降解热熔胶应运而生，特别是包装材料如纸张及滤棒等材料对可生物降解热熔胶的要求都十分迫切。目前，可生物降解热熔胶主要是采用聚丙交酯（聚乳酸）、聚己内酯、聚酯酰胺、聚羟基丁酸／戊酸酯等聚酯类聚合物和天然高分子化合物等作为基体树脂，辅以适当增粘剂、增塑剂、抗氧剂、填料等成分组成。利用天然高分子合成的热熔胶的研究也越来越多，天然高分子如木质素、淀粉、树皮等，其中淀粉不仅具有完全的生物可降解性，而且作为天然可再生资源，其品种繁多，来源丰富，价格低廉，因此在可生物降解热熔胶的研制过程中采用得最多。可生物降解热熔胶拥有很好的应用前景，且是今后热熔胶发展的主要方向。但目前国内外所报道的可生物降解热熔胶存在稳定性较差、粘接强度有待进一步提高等缺点，达不到产业化的要求。随着人们环保意识的增强，可降解生物热熔胶有着巨大的潜在市场。

低温型热熔胶突破了一般传统型热熔胶的使用极限。其正常操作温度仅为110℃～130℃，而在此之前，热熔胶的正常使用温度在160℃左右，低温热熔胶比传统热熔胶的使用温度低了30℃以上。低温型热熔胶和传统型热熔胶相比具有明显低的黏度值，保证在低温操作条件下满足各项涂布工艺要求。低温热熔胶所带来的直接好处是节省电能和机器维修保养费用。大量实际应用显示，同样的热熔胶机，使用低温热熔胶可为客户节省约15％的电费。而由于低温热熔胶在其110℃～130℃的正常操作温度下几乎完全没有结皮、积碳等老化现象，使得机器的维修保养费用大大降低。此外，低温热熔胶还具有低气味、粘接强度高的特点。一方面，较低的挥发物气味可以提高产品质量。另一方面，如果配方得当，热熔胶低温操作并不牺牲热熔胶的粘接强度，因而保证了低温型热熔胶的使用性能。

第二节　对滤棒质量的影响

热熔胶用于滤棒成型过程中的搭口粘接，加热温度和施胶量对滤棒成型质量会产生影响。

施胶过程中，要对热熔胶进行加热融化，以便于热熔胶的施加和粘接。加热管温度过高，会造成热熔胶的裂解，甚至碳化，使热熔胶丧失粘接性能，而且增大能耗，不利于安全生产；温度过低，热熔胶融化不充分或输送后降温冷凝，液体黏度大，流动性差，容易堵塞喷胶嘴；胶液渗透力差，只能在被粘的纸表成膜，不能起到黏合作用，造成搭口粘接不牢，出现跑条、爆口等现象。黏合力的发挥，只有当胶液有效地渗入纸层之中时才能有效地显示出来，使搭口粘结牢固。要提高胶液的渗透力，就要降低其黏度，即要提高胶液的温度。那么，温度到底应当提高到多少才最合适呢？由被粘结纸张的性质和热熔胶的质量特性来决定，要依据这两个方面的物理因素来选择胶液的最佳温度点。另外，搭口电烙铁温度也影响热溶胶的粘接效果，从而影响滤嘴成型质量。

施胶量的大小也影响滤棒的成型质量。施胶量过大，则易造成溢胶，在喷胶嘴周围形成胶垢，影响滤棒的外观质量及质量的稳定性，甚至因为夹末而爆口或跑条；施胶量过低，造成搭口粘接不牢，易出现爆口或跑条等现象。

不同牌号或型号的热熔胶，由于其成分和配比不同，粘接性能有一定差异，故施胶量和熔融温度也有所不同。

第三节　滤棒搭口热熔胶施胶装置

尽管 KDF3 和 KDF4 已大量投入使用，当前国内应用最多的滤棒成型机仍为 KDF2 滤棒成型机，KDF3 和 KDF4 由 KDF2 发展而来，基本结构原理类似。现在就 KDF2 滤棒成型机为例进行介绍。KDF2 滤棒成型机热熔胶工作温度在 $100\,℃ \sim 120\,℃$ 之间，上胶系统由电器加热管、胶水箱、齿轮泵、喷嘴体和胶水管路组成，通过加热管将棒状或块状的热熔胶融化成液体，置于胶水箱中。当系统接到上胶信号时电磁离合器启动供胶齿轮泵（又称热胶泵），并打开喷嘴中的喷针，胶水从胶水箱通过胶水管到达喷嘴体，把胶水涂抹到直线移动的成型纸上形成连续均匀的胶水线，当成型纸、丝束经过烟枪卷制成型后，经过电烙铁的再次升温加热，促进胶水渗透，然后进入冷粘室，滤棒搭口上的胶水立刻冷却，搭口被粘牢，高速卷制出成型的滤棒。热胶泵的动力系统来自滤棒成型机主电机，从主电机通过齿轮和齿形带传动到热胶泵。胶液流量随滤棒成型机车速变化而变化，不能根据需要进行调整。当热熔胶的性能或成型纸发生改变或质量出现波动时，不能适时对施胶量进行调整，易造成滤棒质量出现波动。

为克服当前施胶装置存在的缺陷，唐建红等人研制了一种卷烟滤嘴搭口热熔胶可调供胶装置（专利号 ZL200520050130.2）。该装置主要由手动旋钮、无极变频器、热熔胶泵、胶缸、喷胶器组成（见图 8-1）。通过一个能由手动旋钮调节速比的无极变频器调节控制热熔胶泵。胶泵电机接收滤棒成型机主电机的变频器输出信号，使胶泵电机与主电机速度成比例，也就是说泵胶量（即供胶量）与滤棒成型机车速成比例。该装置实现了施胶量的均匀稳定控制，施胶量不再受卷烟滤嘴成型机车速变化的影响。但是通过手动旋钮调节胶泵与主电机之间的速比，调节不够直观，调节的准确性和精度不够，且不能实现自动控制。

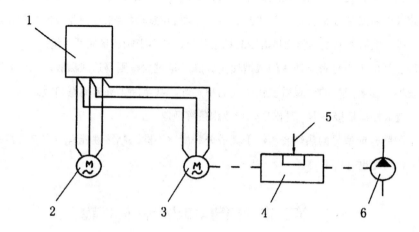

图 8-1　卷烟滤嘴热熔胶可调供胶装置结构示意图

1—变频器；2—主电机；3—胶泵电机；4—无级变速器；5—手动旋钮；6—热熔胶泵

　　倪敏针对 ZL23 成型机滤棒成型搭口不牢，在长时间放置环境改变后，通过发射系统很容易爆口等问题，改进了热熔胶传动系统，降低热熔胶的施胶量，使施胶量控制在合适的范围内并可调，在烟枪尾轮下加装纸加热板，涂胶后进一步保持胶温，确保粘接可靠。具体改进措施如下：

　　1. 改进热熔胶传动系统

　　ZL23 成型机冷、热胶传动由电机、变速器、齿轮泵、储胶箱以及喷枪组成，通过一个调节手柄调节变速器，冷、热胶齿轮泵转速同时改变，从而控制施胶量。

　　分析对比中、高速机的性能特性，高速机的施胶量平均 18 g/min，中速机的施胶量平均 35 g/min，因此，为符合产品制造工艺要求，改善粘接效果，改进后必须将 ZL23 成型机（中速机）施胶量降低，应控制在 8 ～ 35 g/min 可调。为了实现这一要求，在上胶电机与变速器之间增加了一级传动，过渡传动轮组件如图 8-2 所示。热胶齿轮泵转速降至原速的 1/3.5 左右，对调冷热胶泵传动链轮，使冷、热胶出胶量均符合要求。

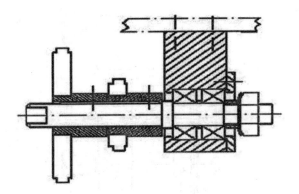

图 8-2 过渡传动轮组件

图 8-3 为热熔胶传动系统改进前、后对比图。按照这种方法改进，热熔胶的施胶量由原来的 35 g/min 降低至 14 g/min 的正常生产状态。

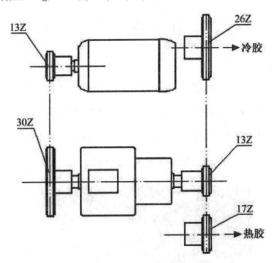

（a）改进前（施胶量 23 ～ 140 g/min）

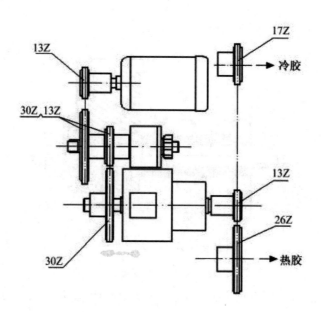

（b）改进后（施胶量 8～35 g/min）

图 8-3　热熔胶传动系统改进前、后对比图

2. 加装纸加热板

为了保证热熔胶的粘接效果，在烟枪尾轮下加装了纸加热板。采用加热板对运行中的成型纸加热必须满足纸位调节灵活方便、安全可靠等要求，据此设计制造加热板装置，纸加热板安装位置及结构如图 8-4 所示。在电子线路上增加温控器，控制调节纸加热板的加热温度。在生产中，纸加热板温度设定为 110℃。

（a）纸加热板安装位置

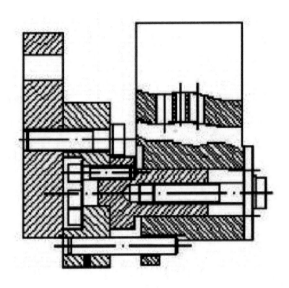

（b）纸加热板结构

图 8-4 纸加热板安装位置及结构图

纸加热板具备以下特点：（1）能够在生产过程中实现纸位调节，操作方便；（2）固定式支架结构简单、紧凑，使用安全可靠，维修调整工作量小，成本低；（3）可根据要求调节、控制加热温度，满足工艺需要。

倪敏针对 FRA3 成型机采用热熔胶单线搭口粘结，针对生产的滤棒容易受放置时间和环境的影响而出现爆口的问题，采取在滤棒搭口上涂布热熔胶和乳胶两条粘结线的措施解决，并进行相应的设备改进以满足双线施胶工艺要求。通过设计制作双联胶枪，喷头可分别调节并在滤棒搭口及中心精确定位，作为涂布搭口乳胶和中心胶的载体；改造成型机施胶控制电路，利用输胶医用纯橡胶管的弹性，采取螺管式电磁铁控制生产过程中的开关胶动作，在滤棒搭口上增加了一条乳胶搭口线，进行双线搭口粘结，有效提高了滤棒搭口粘接的可靠性。具体措施如下：

1. 设计原理

根据热熔胶和乳胶的不同特性，在滤棒成型纸上搭口部位靠外涂一条热熔胶搭口线，隔 1mm 左右涂一条乳胶搭口线，进行双线搭口，中间为乳胶中粘线，见图 8-5。采用新涂胶方法，为确保乳胶搭口线涂布位置准确，新设计的乳胶装置必须具备双线施加、操作方便、调节灵活、功能可靠等特点。

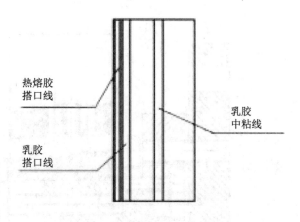

图 8-5　滤棒双线搭口示意图

2. 双联胶枪设计

根据 FRA3 成型机供纸部分结构、尺寸要求，设计在同一个支架上配置 2 个喷胶枪，外侧胶枪涂布搭口线，内侧胶枪涂布中心胶。图 8-6 所示为双联乳胶装置的关键部件喷枪结构，调节螺母 4 用于调整喷嘴与成形纸的压紧程度，在生产过程中，可以随时通过旋动小螺母 8，调节乳胶搭口线的涂布位置。

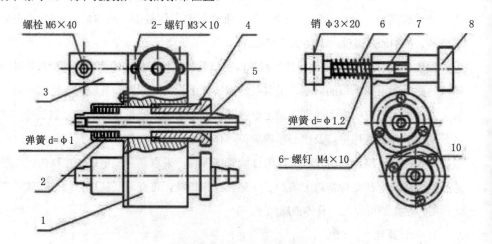

图 8-6　双联胶枪装配图

1—支座；2—压盖；3—支撑块；4—调节螺母；

5—连接管；6—导柱；7—调节杆；8—小螺母

3. 控制电路改造

加装供胶控制电路如图 8-7。

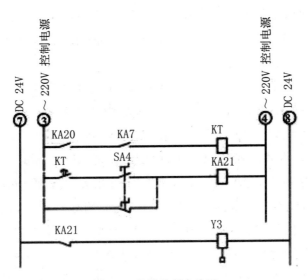

图 8-7　施胶控制电路图

FRA3 成型机的乳胶输送采取自流方式，乳胶输送管选用医学引流用黄色橡胶管。这种医用纯橡胶管主要使用聚二甲基硅氧烷，即硅橡胶制造，利用其弹性性质和水分（细菌）不透过性。它耐热性优良，可以进行高温高压消毒处理，质地柔软，输水性优越，因此，符合乳胶输送要求。根据其特性，在乳胶输送管路上设置电磁铁，铁芯上加装闸脚控制乳胶的施加和关断，电磁铁是从电网中吸取能量做功，使得机器的执行元件动作，实现自动控制。为安全起见，选用 24V 直流电磁铁。直流电磁铁主要有螺管式和拍合式，因电磁铁在乳胶输送管路控制中只需做直线运动，反力特性较平坦，且有一定的行程，故选用螺管式电磁铁。

控制原理：

（1）设备开机时延时供胶。连通 FRA3 成型机主机中间继电器 KA20、热熔胶供胶信号中间继电器 KA7，根据工艺操作要求，主机启动，低速运转，监测热熔胶供胶信号出现。为避免滤条上的乳胶在烟枪压板内堆积，使滤棒无法成型，设置时间继电器 KT 闭合 1～5s 后，电磁阀 Y3 断电，闸脚放开，供胶管路畅通，双联胶枪开始涂胶。

（2）施胶控制。动合开关吸合，中间继电器 KA21 通电，触点断开，电磁阀 Y3 断电，闸脚不起作用，乳胶管路恢复畅通，双联胶枪开始涂胶。

（3）成型机停机时关胶控制。FRA3 成型机主机电源接通，电磁阀 Y3 通电工作，闸断供胶管路。

（4）开、关胶控制开关分自动 SA4/ 手动 SA4A 拨动开关，主机停机时，接通手动开关 SA4A，中间继电器 KA21C 触点断开，Y3 断电，乳胶释放，可以手动单独排胶。接通自动开关 SA4，正常开机时，KA21 断开，Y3 不工作，施胶；停机时 KT 断开，KA21 断开，触点吸合，Y3 通电工作，关胶。

使用双线搭口后，滤棒上的乳胶量增加，经由刀头箱切削时容易粘在刀具上，降低刃口的锋度，使滤棒切口产生"毛刺"；同时刀具与砂轮磨削时，乳胶易形成黑垢接触到滤棒上形成"黑头"。为解决这一问题，需对设备进一步调整：①调整刀片角度；②调整中心胶的涂布位置，从而改变刃口与中心胶线的接触位置；③适当调整出胶量等。

郭宏伟针对 KDF2 滤棒成型机热胶泵动力系统采用从主电机通过齿轮和齿形带进行传动，使热熔胶流量不能单独调整，流量高或低都会影响滤棒的粘接质量，常常出现爆口等问题，将热熔胶热胶泵驱动系统改为独立驱动的方式，采用 LENZE 内置矢量变频器和交流异步电机来实现独立驱动。主机速度信号通过 PLC 由 PROFIBUS 总线接入热胶变频器，变频器通过 PROFIBUS 总线与 PLC 和触摸屏连通，通过触摸屏对施胶量进行设定和调整，PLC 根据滤棒成型机主机速度和施胶量设定值，经过程序运算传递出指令信号驱动热胶泵变频器，从而准确控制热熔胶供给量。改造后，可以通过手动模拟信号改变热胶泵的单独运转速度，实现空机放胶胶量的调节，机组运行后自动随主机速度控制改变热胶供给量。且可以根据热熔胶的来料情况，通过触摸屏对施胶量进行设定，克服了原施胶系统的缺陷，实现了施胶量的可调、可控。

黄秋婷等为有效提高复合滤棒加工过程成型质量，提高设备效率，降低废品率，通过实验设计建立了热熔胶喷胶嘴口径与上胶宽度的回归模型，根据工艺要求求解喷胶嘴口径的最大值，进而采用双目标规划模型确定最佳喷胶嘴口径值，最后对优化后的复合滤棒外观质量和相关物理指标进行验证。结果表明：①w 随着喷胶嘴口径增加，设备效率先增后减，废品率先减后增；②最佳喷胶嘴口径值为 1.5mm，此时基棒搭口胶上胶宽度可达到 1.95mm；③与优化前相比，优化后复合滤棒外观质量缺陷率降低了 36%，圆度、硬度物理特性有显著性改善，复合滤棒生产设备效率提升 1.8 百分点，废品率降低 49.62%。

参考文献

[1] 国家烟草专卖局. 卷烟工艺规范 [M]. 北京：中国轻工业出版社，2016.

[2] 陆泰榕，张鹏鹏，高文中，等. VAE 乳液生产与应用 [J]. 大众科技，2019，21（5）：32，33—37.

[3] 刘菊花，蒋东明，王素香. 一种高稳定耐水型白乳胶的制备方法：CN109294487A[P]. 2019-02-01.

[4] 曹贵昌，刘文富，董彦林，等. 卷烟胶的发展概况 [J]. 轻工科技，2019，35（1）：18—19.

[5] 黄礼刚. 改进 ZJ19 机卷烟纸喷胶器机构 [J]. 科技风，2018，10：7.

[6] PATTHAVONGSA PATTHANA. 烟用水基胶质量控制指标体系建立与配套检测技术研究 [D]. 长沙：湖南大学，2018.

[7] 田井速，张靖宇，舒凯，等. 卷烟胶中的有害物质分析 [J]. 中国胶粘剂，2018，27（6）：17—19.

[8] 罗恒，田井速，舒凯，等. 水基烟用搭口胶的发展与展望 [J]. 中国胶粘剂，2018，27（4）：43—45.

[9] 刘克俊. 一种白乳胶的生产系统：CN207259440U[P]. 2018-04-20.

[10] 徐淑浩，李国智，朱雪峰，等. 低温快干卷烟搭口胶的制备与应用 [J]. 粘接，2018，3：47，48—52.

[11] 熊安言，王洪波，赵冰，等. 标记物法测定卷烟搭口胶的施胶量 [J]. 烟草科技，2018，51（1）：64—69.

[12] 曹贵昌，刘文富，董彦林，等. 高速卷烟胶上机适应性的研究 [J]. 轻工科技，2017，33（12）：16—18.

[13] 李淑存，郭春秀，姬磊，等. 一种防水耐冻白乳胶的生产方法：CN201710832501. X[P]. 2017-12-19.

[14] 郝喜海，史堡匀. 乙烯－乙酸乙烯酯材料的改性与应用研究进展 [J]. 包装学报，2017，9（4）：58—65，86.

[15] 司晓喜，刘志华，朱瑞芝，等. 溶剂萃取／气相色谱－质谱法测定热熔胶中苯系物 [J].

包装工程，2017，38（7）：92—96.

[16] 董全江，朱国健，关明，等.功能助剂对烟用水基胶的性能影响的应用研究［J］.
化学与黏合，2017，39（2）：115—118.

[17] 熊安言，郜海民，王二彬，等.一种卷烟纸自动施胶系统：
CN104473325B[P].2017-01-11.

[18] 顾亮，郜海民，刘文博，等.搭口胶施胶量对卷烟品质的影响［J］.食品与机械，
2016，32（10）：183—188.

[19] 张凤梅，司晓喜，朱瑞芝，等.顶空－气相色谱质谱联用法测定热熔胶中的苯及苯
系物［J］.烟草科技，2016，49（4）：61—66.

[20] 高明奇，纪朋，顾亮，等.湿润性能对水基胶与烟用纸张适用性影响的应用研究［J］.
中国胶粘剂，2016，25（5）：56—58.

[21] 熊安言，纪晓楠，鲁平，等.接嘴胶施胶量对卷烟卷接质量的影响［J］.中国胶粘剂，
2020，29（6）：41—44，48.

[22] 江镇海.我国VAE乳液应用和市场发展状况［J］.上海化工，2015，40（8）：47—
48.

[23] 王月.丙烯酸酯改性聚乙酸乙烯酯核壳型乳液胶黏剂的合成［D］.长沙：湖南大学，
2015.

[24] 杜郢，董艳艳，王海青.卷烟胶的发展与展望［J］.粘接，2015，3：88—91.

[25] 肖卫强，李海锋，曹得坡，等.卷烟胶热裂解产物的对比分析［J］.中国胶粘剂，
2015，24（2）：10—14.

[26] 孙岁财，熊安言，孙续和，等.智能数字化自动供胶系统：
CN204125160U[P].2015-01-28.

[27] 付蒙，陈福林，岑兰.EVA的改性及应用研究进展［J］.化工新型材料，2014，42（11）：
220—223.

[28] 戴建国，黄国.一种卷烟机供胶装置：CN203913362U[P].2014-11-05.

[29] 滕朝晖.新型环保卷烟胶的研究［J］.中国胶粘剂，2014，23（6）：54—56.

[30] 龙飞，彭修娜，史先鑫，等.卷烟用乙酸乙烯酯乳液类胶粘剂的改性［J］.粘接，
2013，5：69—73.

[31] 孟庆宇.卷烟胶的特性与影响其粘结性能的因素［J］.科技博览，2012，21：17.

[32] 王爱成.一种卷烟机供胶装置：CN202407056U[P].2012-09-05.

[33] 董桂芳，官仕龙，程锐，等.卷烟胶的合成及影响因素［J］.武汉工程大学学报，

2011，33（9）：26—29，33.

[34] 毛地华，温晓辉，王伟，等．卷烟机乳胶定量稳定供胶装置：
CN201888240U[P].2011-07-06.

[35] 鲁才略．卷烟搭口上胶装置：CN201150251[P].2008-11-19.

[36] 杨宝武．卷烟胶的特性与应用 [J]．烟草科技，1999，5：4—8.

[37] 高建华，赵斌，童增祥．高速卷烟胶的研制 [J]．江苏化工，1998，1：15—17.

[38] 杨怀霞，张亚东．高速卷烟用水基胶粘剂的研究 [J]．开发与研究，1997，3：10—13.

[39] GB/T 2790-1995 胶粘剂180°剥离强度试验方法 挠性材料对刚性材料 [S].

[40] GB/T 2794-2013 胶黏剂黏度的测定 单圆筒旋转黏度计法 [S].

[41] YC/T 188-2004 高速卷烟胶 [S].

[42] 潘恒乐，陶韶华．ZJ116型卷接机组接嘴胶冷却装置的研制 [J]．湖南文理学院学报
（自然科学版），2019，31（2）：38—40，70.

[43] 李勇．一种包含改性VAE乳液的高速接装胶及其制备方法：
CN108822772A[P].2018-11-16.

[44] 宋志雪．一种用作卷烟接嘴胶的乳液胶黏剂的合成研究 [J]．化工管理，2017，6：
81—82.

[45] 唐红玉．新型环保型高速卷烟接嘴胶的研究开发 [D]．昆明：昆明理工大学，2007.

[46] 高明奇，冯晓民，李明哲，等．一种测量单支卷烟接嘴胶上胶量的方法：
CN104783325A[P].2015-07-22.

[47] 莫海亮．一种卷烟机供胶装置：CN203662000U[P].2014-06-25.

[48] 黎阳，刘慧，周玉平，等．卷烟机供胶装置：CN202680457U[P].2013-01-23.

[49] 陈瑜，张彬．PASSIM 接装纸胶池式供胶系统的设计应用 [J]．烟草科技，2010，7：
20—21，25.

[50] 孙斌，赵朝阳，杜国锋．新型接装纸上胶装置的设计应用 [J]．烟草科技，2009，
12：21—22.

[51] 李爱敏，王英．YJ24 过滤嘴接装机供胶装置的改进 [J]．机械工程师，2005，4：
117.

[52] 李文斌．一种两性淀粉胶的生产系统及其生产方法：CN110408346A[P].2019-11-05.

[53] 任思凯，李超，周忠伟，等．一种复合变性玉米淀粉乳液及其制备方法：
CN108795321A[P].2018-11-13.

[54] 董全江,朱国健,关明,等. 高速卷烟淀粉搭口胶的研究与对比分析 [J]. 中国胶粘剂,2017,26(11):16—18.

[55] 凌伟. 一种氧化淀粉胶的生产工艺及方法:CN106700969A[P]. 2017-05-24.

[56] 方群,于红卫,刘志坤,等. 高固体含量淀粉乳液的制备方法:CN105331327A[P]. 2016-02-17.

[57] 杜郇,董艳艳,王政,等. 环保型改性淀粉卷烟搭口胶的制备及性能研究 [J]. 粘接,2015,9:69—73.

[58] 朱锦涛,邓剑如,盛亚俊,等. 界面酸碱作用理论在聚合物基复合材料界面粘接性能研究中的应用 [J]. 湖南大学学报(自然科学版),2002,29(3):20—24.

[59] 王润珩,高忠良,陈连周. 粘接过程中配位键力的研究 [J]. 粘接,1999,20(6):8—11.

[60] 王宣科,王小义. ZB45 小盒商标纸第二胶缸涂胶轮的改进 [J]. 轻工科技,2019,35(6):61—62.

[61] 孙靖倚. GDX1 包装机商标纸上胶机构胶辊及胶辊轴优化改进 [J]. 机械装备,2018,4:48.

[62] 邓超,孙运达. YB45 细支包装机商标纸上胶压轮自动清洁装置研制 [J]. 中国科技信息,2017,23:78—80.

[63] 邓梅东. GDX1 包装机商标纸上胶机构的改进设计 [J]. 轻工科技,2019,35(6):61—62.

[64] 徐峰. 热熔压敏胶涂胶系统在 YB29 自粘软盒包装机上的应用 [J]. 烟草科技,2015,48(11):74—78.

[65] 张玮. GDX1 包装机商标纸上胶机构的改进 [J]. 中国科技信息,2015,8:122—123.

[66] 张彬. GDX2 型包装机组涂胶工艺及结构改进 [J]. 包装与食品机械,2011,29(1):63—66.

[67] 向家贵. 热熔胶技术在 GDX1 包装机上的应用 [J]. 机械工程与自动化,2010,4:171—172,175.

[68] 金义龙,徐启勇,张仕祥,等. 一种包装机涂胶装置:CN205916410U[P]. 2017-02-01.

[69] 王延益,朱媛媛. YB65 包装机条盒上胶装置的改进 [J]. 山东工业技术,2018,17:23.

[70] 陈元利，杨华伦．GDX1 包装机组条盒上胶装置的改进 [J]．烟草科技，2007，5：27—28．

[71] 吴星辉．一种封箱用胶带涂布装置：CN209697320U[P]．2019-11-29．

[72] 李秀伟，张海军，姜华，等．一种装封箱机智能胶带加固装置：CN207389700U[P]．2018-05-22．

[73] 徐洋，张勇．机器视觉技术在自动封箱机热熔胶检测中的应用 [J]．工业控制计算机，2018，31（3）：63—64．

[74] 寇建华，李新亮，李志勇．一种烟草包装封箱系统：CN206427332U[P]．2017-08-22．

[75] 何权，欧阳雄波，吴罡，等．热熔胶系统在 YP13 条烟装封箱机上的应用 [J]．烟草科技，2014，8：29—31．

[76] 陈培生，杨晓勇．YP11 自动装封箱机胶带纸粘贴外观质量的改进 [J]．烟草科技，2011，2：23—24．

[77] YC/T 187-2004 烟用热熔胶 [S]．

[78] HG/T 3698-2002 EVA 热熔胶粘剂 [S]．

[79] HG/T 3660-1999 热熔胶粘剂熔融粘度的测定 [S]．

[80] HG/T 4222-2011 热熔胶粘剂低温挠性试验方法 [S]．

[81] HG/T 3698-2002 EVA 热熔胶粘剂 [S]．

[82] HG/T 5052-2016 热熔胶粘剂热剪切破坏温度试验方法 [S]．

[83] HG/T 5051-2016 低压注塑封装用热熔胶粘剂 [S]．

[84] GB/T 15332-1994 热熔胶粘剂软化点的测定环球法 [S]．

[85] GB/T 16998-1997 热熔胶粘剂热稳定性测定 [S]．

[86] 凌万青．一种 EVA 热熔胶及其制备工艺和应用：CN111394019A[P]．2020-07-10．

[87] 熊政政，史道浦，汪勇．耐高低温 EVA 热熔胶的制备及应用探析 [J]．科技经济导刊，2020，28（18）：71．

[88] 孙建平．一种快速封箱用 EVA 热熔胶及其制备方法：CN111019559A[P]．2020-04-17．

[89] 郑建南．一种热熔胶：CN110951419A[P]．2020-04-03．

[90] 廖伟平，戴林峰．一种改性 EVA 热熔胶及其制备方法：CN110157354A[P]．2019-08-23．

[91] 孙晓明．耐高温的 EVA 热熔胶及其生产装置：CN109593479A[P]．2019-04-09．

[92] 杨勇．影响 EVA 热熔胶性能的因素探析 [J]．中小企业管理与科技，2018，12：149—150．

[93] 黄秋婷，郁骋丹，吴峰，等．复合滤棒基棒搭口上胶系统的优化设计 [J]．烟草科技，2018，51（7）：79—84.

[94] 马安博．热熔胶技术的发展及应用 [J]．化学与黏合，2018，40（3）：211—215.

[95] 倪敏．双联涂胶装置在滤棒双线搭口中的应用 [J]．机械工程师，2011，11：129—130.

[96] 郭宏伟．浅析 KDF2 滤棒成型机滤棒爆口故障及改进方法 [J]．企业导报，2011，22：207.

[97] 倪敏．PDCA 法则在滤棒搭口质量控制中的有效应用 [J]．常州工学院学报，2010，23（5）：76—78，86.

[98] 唐建红，许彬．卷烟滤嘴热熔胶可调供胶装置：CN2768483Y[P].2006-04-05.

[99] 叶枫，王明霞．热熔胶的应用问题 [J]．上海烟业，1994，2：19—20.

[100] 李盛彪．热熔胶粘剂：制备·配方·应用 [M]．北京：化学工业出版社，2013.

[101] 赵淑媛，王洪学，宋克祥，等．EVA 型热熔胶的成型与应用 [J]．化学与黏合，2000(2)：87—88.

[102] 程时远，李盛彪，黄世强．胶粘剂 [M]．北京：化学工业出版社，2008.

[103] 冯波，左海波，马文石，等．热熔胶粘剂研究和应用的最新进展 [J]．化学与黏合，2002，24（1）：31—34.

[104] 黄诚，彭粉成，朱桂生．EVA 树脂生产技术现状及应用研究进展[J]．乙醛醋酸化工，2016 (5)：6—11.

[105] Maj, Zeng X. A New Type of High Speed Packing as well as the Development and Research of Hot Melt Adhesive[J]. Guangdong Chemical Industry,2016, 43(5)：81—83.

[106] 崔中纹，崔晓倩，李光鹏，等．热塑性聚氨酯对EVA热熔胶的耐高低温改性研究 [J]．中国胶粘剂，2015，24(8)：22—25.

[107] 邹丹．EVA 共聚物的生产工艺及应用现状 [J]．广东化工，2015，42(19)：99—104.

[108] 钟龙圣．解决KDF2 成型机生产高透滤棒的爆口问题[J]．装备制造技术,2014(7)：170—171.

[109] 唐舫成，汪加胜，刘宝玉．聚乙烯蜡的功能化研究进展 [J]．广东化工，2013，40(2)：57—58.

[110] 李光鹏，陈慧娟，邵晓巍，等.EVA 热熔胶对难粘材料解决方案的探索 [J]．广东化工，2013，40(6)：83—84.

[111] 李超. EVA 型封边热熔胶及其粘接性能和流变性能的研究 [D]. 华东理工大学硕士
论文，广州，华东理工大学，2010.2.

[112] 蔡婷，艾照全，鲁艳，等. 环保型热熔胶研究进展 [J]. 粘接，2012,33(8):73—
76.

[113] 张荣军，律微波. EVA 热熔胶改性研究进展 [J]. 化学与黏合，2011,33(1)：55—56.

[114] 翁国建. 浅谈 EVA 热熔胶 [J]. 中国胶粘剂，2010，19(7)：66—67.

[115] 郭静，相恒学，王倩倩，等. 热熔胶研究进展 [J]. 中国胶粘剂，2010，19（7）：
54—58.

[116] 陈海燕. EVA 热熔胶的固化研究 [J]. 中国胶粘剂，2010，19（5）：61.

[117] 高升平，郑桂富. EVA 热熔胶性能影响因素的研究 [J]. 化学工程师，2008，22（5）：
4—5.

[118] 殷锦捷，刘静. 环保型 EVA/SBS 胶粘剂的研究 [J]. 中国胶粘剂，2006，15（2）：
18—20.

[119] 朱万章. EVA 热熔胶的主要成分及其对性能的影响 [J]. 粘接，1999，20（1）：
24—28.

[120] 刘宝生，黄军左. 石油树脂的开发应用与展望 [J]. 广东化工，2001，28(3)：5—7.